Heike Homrighausen

Klett

Ich kann ... Mathe

Terme und Gleichungen
7./8. Klasse

Mathematik
Schritt für Schritt verstehen

Klett Lerntraining

Heike Homrighausen ist Gymnasiallehrerin für Mathematik, in der Lehreraus- und -weiterbildung tätig und langjährige Autorin von Lernhilfen und Lehrwerken.

Bibliografische Information der Deutschen Bibliothek
Die Deutsche Bibliothek verzeichnet diese Publikation in der
Deutschen Nationalbibliografie; detaillierte bibliografische Daten
sind im Internet über http://dnb.dnb.de abrufbar.

4. Auflage 2018

www.klett-lerntraining.de
Redaktion: Ulrike Klein, Berlin; Julia Mühleisen
Covergestaltung und Layout: Sabine Kaufmann, Stuttgart
Titelfoto: Corbis (Mike Kemp/Blend Images), Düsseldorf
Illustrationen: S.18: Sven Palmowski, Barcelona; S. 66, 187, 188: Thinkstock (studiogstock), München; S. 110 – 115, 117, 176, 180, 184, 192: Thinkstock (dedMazay), München; S. 23, 58: Liane Oser, Hamburg
Satz: DTP-studio Andrea Eckhardt, Göppingen
Druck: Gebr. Geiselberger GmbH, Altötting
Printed in Germany
ISBN 978-3-12-927359-3

Inhaltsverzeichnis

4 Modellieren mit Termen und Gleichungen – Lösen von Textaufgaben

Kompetenzübersicht

1 Terme mit Zahlen

Ich kann ...

2 x-beliebig – Terme mit Variablen

Ich kann ...

3 Gleichungen mit einer Variablen

Ich kann ...

4 Modellieren mit Termen und Gleichungen – Lösen von Textaufgaben

Ich kann ...

Schritt-für-Schritt

Terme und Gleichungen

verstehen

Liebe Schülerin, lieber Schüler,

mit diesem Buch kannst du den Themenbereich „Terme und Gleichungen“ wiederholen und üben – in ganz kleinen Schritten.

Der komplette Stoff ist **Kompetenzen** zugeordnet – die kennst du vielleicht aus der Schule. Kompetenzen fangen immer mit dem Satz „Ich kann …“ an und beschreiben genau, was du können musst.

kompetent sein = etwas können

So arbeitest du mit dem Buch:
Suche dir im Inhaltsverzeichnis das Thema heraus, das du wiederholen möchtest. (Suchst du nach einer einzelnen Kompetenz, findest du sie in der Kompetenzübersicht.)

Schritt 1:

Kompetenzcheck

Überprüfe, wie fit du bist und löse die Aufgaben im Kompetenzcheck. Jeder Aufgabe ist einer Kompetenz (Ich kann …) zugeordnet.

Überprüfe deine Ergebnisse mit den Lösungen. Die passende Seitenzahl findest du unter den Smileys.

Hake den entsprechenden Smiley ab:
☺ = richtig gelöst
😐 = teilweise richtig gelöst
☹ = nicht richtig gelöst
Dann siehst du, welche Themen du schon gut kannst oder was du noch üben solltest.

Schritt 2:

Schritt-für-Schritt-Erklärungen

Lies die Erklärungen gründlich durch. Hier findest du alle wichtigen Fachbegriffe und Formeln. Alles ist ganz kleinschrittig und mit vielen Beispielen erklärt, damit du leicht verstehst, wie du vorgehen musst und was du beachten solltest.

Schritt 3:

Übungsaufgaben

Löse die Übungsaufgaben. An den Punkten neben der Aufgabennummer siehst du, wie schwierig die Aufgabe ist. (●○○ = leicht, ●●○ = mittel, ●●● = schwierig)

Die Lösungen zu den Aufgaben findest du hinten im Buch. Sei ehrlich zu dir selbst und sieh erst nach, wenn du Aufgaben fertig bearbeitet hast.

Schritt 4:

Abschlusskompetenzcheck

Wenn du ein ganzes Kapitel abgeschlossen hast, teste dich mit dem Abschlusskompetenzcheck. Er enthält Aufgaben zu allen Kompetenzen des Kapitels.

Überprüfe deine Ergebnisse mit den Lösungen hinten im Buch und hake richtig gelöste Aufgaben ab.

Wir wünschen dir viel Erfolg!

1 Terme mit Zahlen

Was sind Terme?

Kompetenzcheck

Ich kann …	Aufgabe	Ergebnis
… Rechenregeln für das Berechnen von Termen anwenden.	**Aufgabe 1** Berechne den Wert der Terme. a) 36 + 48 − 16 b) 48 : 4 · 2 c) 52 + 6 · 3 d) 8 · 5 − 2 · 10	→ S. 136

Schritt-für-Schritt-Erklärung

Fachbegriffe

Was ist ein Term?

Rechenaufgaben wie 12 + 23 oder auch 25 − □ nennt man **Rechenausdruck** oder **Term.** Allgemein gesagt ist ein Term ein Rechenausdruck, der **Zahlen, Platzhalter** und **Rechenzeichen** enthalten kann.
Führt man alle Rechenoperationen aus bzw. berechnet man den Term, erhält man als **Ergebnis** den **Wert des Terms.**
Zwei Terme, die den gleichen Wert haben, nennt man **gleichwertig.**
Kommen in einem Term nur die Rechenzeichen ⊕ und ⊖ vor, nennt man diese Rechenart **Strichrechnung.** Enthält ein Term nur die Rechenzeichen ⊙ und (:), handelt es sich um **Punktrechnungen.**
Im Straßenverkehr regeln Ampeln, Schilder und Regeln wie „rechts vor links" den Verkehr. Auch bei Termen darfst du nicht einfach rechnen, wie du willst, sondern musst dich an bestimmte **Rechenregeln** halten, damit der Wert des Terms richtig ist.

So gehst du vor

So kannst du Terme berechnen – Rechenregeln für Terme:

I. Von links nach rechts
Besteht ein Term nur aus **einer Rechenart,** also nur aus Strichrechnungen oder nur aus Punktrechnungen, dann wird sein Wert einfach **von links nach rechts** berechnet.

Beispiele:

nur Strichrechnungen

52 + 72 − 49
= 124 − 49
= 75

nur Punktrechnungen

45 : 5 · 9
= 9 · 9
= 81

II. Punkt vor Strich
Kommen in einem Term Punktrechnungen **und** Strichrechnungen vor, musst du zuerst die Punktrechnung ausführen, egal, an welcher Stelle im Term die Punktrechnung steht. Kurz gesagt, es gilt **„Punkt vor Strich".**

Beispiele:

42 − 4 · 8 (erst Punktrechnung)
= 42 − 32 (dann Strichrechnung)
= 10

100 : 4 − 4 · 3 (erst Punktrechnungen)
= 25 − 12 (dann Strichrechnung)
= 13

Übungsaufgaben

Aufgabe 1 ●○○

Berechne den Term, indem du von links nach rechts rechnest.

a) $25 + 38 - 17$
b) $72 : 9 \cdot 7$
c) $23 - 13 + 44 - 15$
d) $5 \cdot 12 : 10$
e) $2 \cdot 3 \cdot 4 \cdot 5$
f) $25 - 24 + 23 - 22$

Aufgabe 2 ●○○

Unterstreiche alle Strichrechnungen blau und alle Punktrechnungen gelb. Berechne dann die Terme mit der Regel „Punkt vor Strich".

a) $30 + 25 \cdot 4$
b) $100 - 44 : 4$
c) $99 : 9 - 9$
d) $20 + 4 \cdot 5$
e) $10 \cdot 6 - 4 \cdot 3$
f) $85 - 5 \cdot 5 + 20$

Aufgabe 3 ●○○

Berechne den Wert des Terms.

a) $12 + 3 \cdot 6$
b) $45 + 6 \cdot 7$
c) $16 : 4 + 3 \cdot 2$
d) $5 \cdot 16 - 21$
e) $3 + 15 - 2 \cdot 3$
f) $14 \cdot 2 + 7 - 3 \cdot 4$

Aufgabe 4 ●○○

Welche Terme sind wertgleich? Berechne.

$14 + 9 \cdot 3$

$16 : 2 \cdot 5$

$8 \cdot 3 + 8 \cdot 2$

$8 \cdot 7 - 5 \cdot 3$

$5 + 5 \cdot 7$

$11 \cdot 4 - 8 : 4$

Terme mit Klammern

Kompetenzcheck

Ich kann …	Aufgabe	Ergebnis
… Terme mit Klammern berechnen.	**Aufgabe 1** Berechne den Wert der Terme. a) $(38 - 13) \cdot 4$ b) $5 \cdot (23 - 11)$ c) $8 \cdot (12 - (4 + 3))$ d) $(21 - 6) \cdot (23 - 19)$	→ S. 136
… Klammern so setzen, dass ein Term einen bestimmten Wert hat.	**Aufgabe 2** Setze Klammern so, dass der Term den angegebenen Wert hat. a) $4 + 16 : 4 - 1 = 4$ b) $5 \cdot 4 + 6 - 3 = 35$	→ S. 136

Schritt-für-Schritt-Erklärung

Fachbegriffe

Was sind Klammern?

Im Term $2 + 3 \cdot 5$ gibt die Regel „Punkt vor Strich" die Rechenreihenfolge vor. Mit **Klammern** kann man die **Rechenreihenfolge** in einem Term ändern. Alles, was in Klammern steht, muss **zuerst berechnet** werden.

Beispiel:

$$2 + \underbrace{3 \cdot 5} \quad \text{(erst Punkt vor Strich)}$$
$$= \underbrace{2 + 15}$$
$$= 17$$

$$\underbrace{(2 + 3)} \cdot 5 \quad \text{(erst Klammer berechnen)}$$
$$= \underbrace{5 \cdot 5}$$
$$= 25$$

So gehst du vor

So kannst du Terme mit Klammern berechnen:

Befindet sich in einem Term eine Klammer, muss man zuerst das, was in der Klammer steht, berechnen. Gibt es mehrere Klammern, musst du zuerst die innerste Klammer berechnen.

Beispiele:

$$4 \cdot \underbrace{(20 + 5)} \quad \text{(erst Klammer berechnen)}$$
$$= \underbrace{4 \cdot 25}$$
$$= 100$$

$$[9 + 3 \cdot \underbrace{(13 - 8)}] : 6 \quad \text{(innere Klammer zuerst)}$$
$$= [9 + \underbrace{3 \cdot 5}] : 6 \quad \text{(Klammer berechnen)}$$
$$= \underbrace{[9 + 15]} : 6$$
$$= \underbrace{24 : 6}$$
$$= 4$$

Schritt-für-Schritt-Erklärung

So gehst du vor

So kannst du vorgehen, wenn du in einem Term Klammern setzen musst:

Beispiel:
Setze in dem Term $24 + 3 : 3 + 2 \cdot 3$ Klammern so, dass der Term den Wert 33 hat.

1. Berechne den Wert des Terms nach den Rechenregeln.

$$24 + \underbrace{3 : 3} + \underbrace{2 \cdot 3}$$
$$= 24 + 1 + 6$$
$$= 31$$

Punkt vor Strich

von links nach rechts

2. Überprüfe, wo du um eine Strichrechnung eine Klammer machen kannst, und probiere es aus.

$$\underbrace{(24 + 3)} : 3 + 2 \cdot 3$$
$$= \underbrace{27 : 3} + 2 \cdot 3$$
$$= 9 + 2 \cdot 3$$

Klammer zuerst

Punkt vor Strich

Jetzt muss man erst $9 + 2$ rechnen, denn $9 + 2 = 11$ und $11 \cdot 3 = 33$, also eine Klammer um $9 + 2$.

Achtung: Setze die Klammern auch im oberen Term!

3. Kontrolliere deine Lösung, indem du den Wert des Terms berechnest.

$$[(24 + 3) : 3 + 2] \cdot 3$$
$$= [27 : 3 + 2] \cdot 3$$
$$= [9 + 2] \cdot 3$$
$$= 11 \cdot 3$$
$$= 33$$

innere Klammer zuerst

Klammer berechnen

Übungsaufgaben

Aufgabe 5 ●○○

Berechne den Wert des Terms.

a) $8 \cdot (3 + 6)$
b) $72 - (35 - 13)$
c) $182 + (43 - 13)$
d) $56 : (32 - 28)$
e) $280 - (120 - (83 - 43))$
f) $(13 - 5) \cdot (11 + 2)$

Aufgabe 6 ●○○

Berechne den Wert des Terms.

a) $8 \cdot 5 - (3 \cdot 4 + 2 \cdot 8)$
b) $(72 : (13 - 4)) \cdot 5$
c) $(13 \cdot 6) : (46 - 7)$
d) $18 - (96 - 8 \cdot 2) : ((28 - 8) : 2)$
e) $(14 + 6) \cdot (57 - 7) - (100 + 8 \cdot 50)$
f) $(54 + 46) \cdot (36 - 9 \cdot 4)$

Aufgabe 7 ●●○

Bei welchen Termen kann man die Klammern weglassen, ohne dass sich der Wert ändert? Begründe deine Meinung, ohne zu rechnen.

a) $(9 - 7) \cdot 12$
b) $(9 \cdot 7) - 12$
c) $9 \cdot (12 - 7)$
d) $12 + (9 \cdot 7)$
e) $(9 \cdot 7) - (12 : 6)$
f) $(12 + (9 \cdot 7)) - 10$

Aufgabe 8 ●●○

Setze Klammern, so dass der Wert des Terms stimmt.

a) $4 + 6 \cdot 5 = 50$
b) $35 - 15 : 1 + 4 = 24$
c) $66 : 6 - 3 - 2 = 10$
d) $99 - 7 \cdot 2 + 5 = 50$

Aufgabe 9 ●●●

Setze Klammern, so dass Wert des Terms möglichst groß wird.

a) $4 + 6 \cdot 5 - 3$
b) $20 - 15 : 1 + 4$
c) $72 : 9 - 3 - 2$
d) $66 : 11 - 5 \cdot 2$

Aufgabe 10 ●●●

Setze Klammern, so dass der Wert des Terms möglichst klein wird.

a) $4 + 6 \cdot 5 - 3$
b) $20 - 15 : 1 + 4$
c) $72 : 9 - 3 - 2$
d) $66 : 11 - 5 \cdot 2$

Rechenregeln bei mehrgliedrigen Termen, Rechenbäume

Kompetenzcheck

Ich kann …	Aufgabe	Ergebnis
… einen Rechenbaum in einen Term übersetzen und damit den Wert des Terms berechnen.	**Aufgabe 1** Schreibe zu den Rechenbäumen einen Term und berechne den Wert des Terms. a) 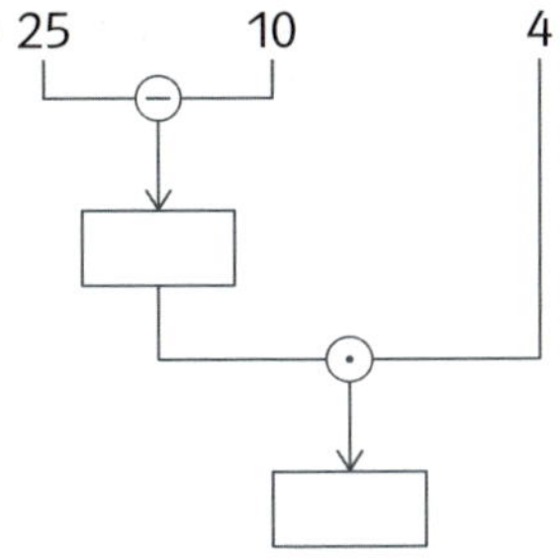 Term: ____________ b) 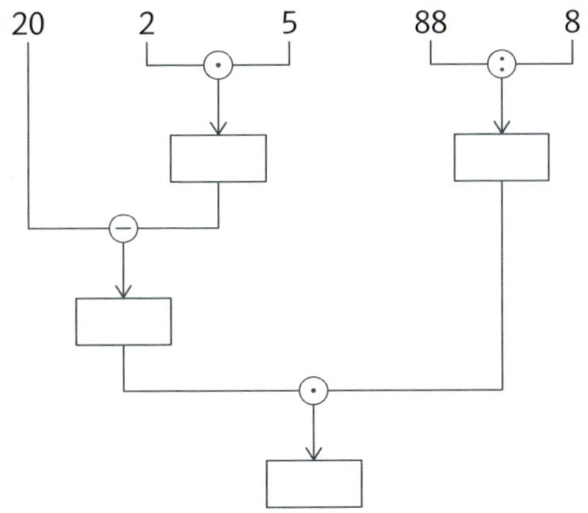 Term: ____________	→ S. 136
… den Wert eines mehrgliedrigen Terms berechnen.	**Aufgabe 2** Berechne den Wert der Terme. a) $(28 - 13) \cdot 6 + 10 =$ ____________ b) $(39 - 27 : 3) - (11 - 6) =$ ____________	→ S. 136

Schritt-für-Schritt-Erklärung

Fachbegriffe

Was sind mehrgliedrige Terme?

Meist kommen in einem Term nicht nur eine, sondern mehrere Rechenarten und auch Klammern vor. Solche Terme nennt man auch **mehrgliedrige Terme**. Wenn du den Wert von mehrgliedrigen Termen berechnen willst, musst du alle **Rechenregeln** beachten.
Mit einem **Rechenbaum** kannst du veranschaulichen, in welcher Reihenfolge gerechnet werden muss.

So gehst du vor

Diese Vorrangregeln musst du beim Berechnen von Termen beachten:

1. Klammern zuerst
Befindet sich in einem Term eine Klammer, berechnet man die **Klammer** zuerst.
Beachte: In der Klammer musst du die Rechenregeln auch beachten, insbesondere die Regel „Punkt vor Strich".

2. Punkt vor Strich
Punktrechnungen werden vor Strichrechnungen ausgeführt.
Tipp: Markiere die Zahlen, die mit einer Punktrechnung verknüpft sind, farbig, diese musst du zuerst berechnen.

3. Von links nach rechts
Gibt es nur Punkt- oder nur Strichrechnungen, dann rechnest du von links nach rechts.

Schritt-für-Schritt-Erklärung

So gehst du vor

So benutzt du das Gleichheitszeichen ⊜ richtig:

Wie bei einer Waage muss auf beiden Seiten des Gleichheitszeichens derselbe Wert stehen.
Tipp: Schreibe deshalb jede Rechnung in eine **neue Zeile** und schreibe am Anfang von jeder Zeile ein ⊜.

So ist es richtig:

$2 \cdot \underbrace{(3 + 4)} - 5$

$= \underbrace{2 \cdot 7} - 5$

$= \underbrace{14 - 5}$

$= 9$

So ist es falsch:

$2 \cdot (3 + 4) - 5 = \underbrace{2 \cdot 7} = \underbrace{14 - 5} = 9$ (2·7 durchgestrichen)

Wert 14 ≠ Wert 9

Beispiel: Berechne den Wert des Terms $[9 + 3 \cdot (13 - 8)] : 6$.

$[9 + 3 \cdot \underbrace{(13 - 8)}] : 6$ ← innere Klammer

$= [9 + \underbrace{3 \cdot 5}] : 6$ ← Punkt vor Strich in Klammer

$= \underbrace{[9 + 15]} : 6$ ← Klammer

$= \underbrace{24 : 6}$

$= 4$

Rechenbaum:

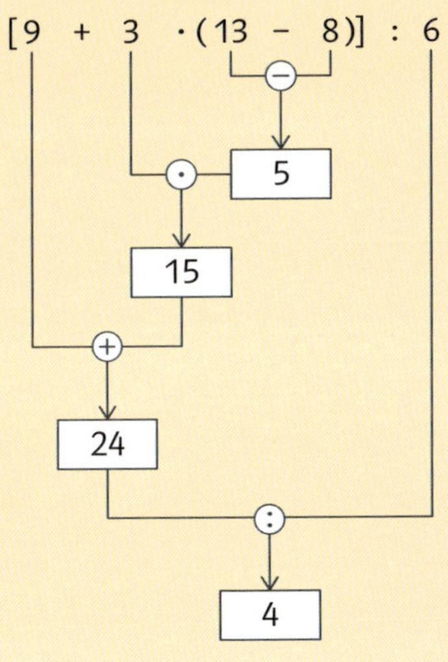

Beim Rechenbaum gilt: Was zuerst gerechnet wird, steht oben!

Übungsaufgaben

Aufgabe 11 ●○○

Schreibe zu jedem Rechenbaum einen Term und berechne den Wert des Terms.
Achte darauf, Klammern zu setzen.

a) 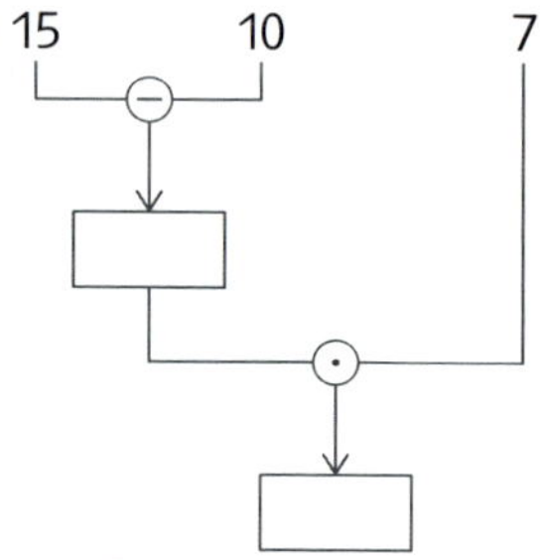

b) 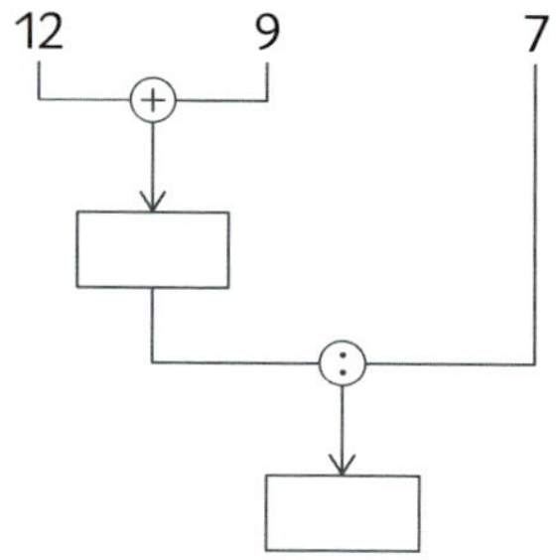

c) 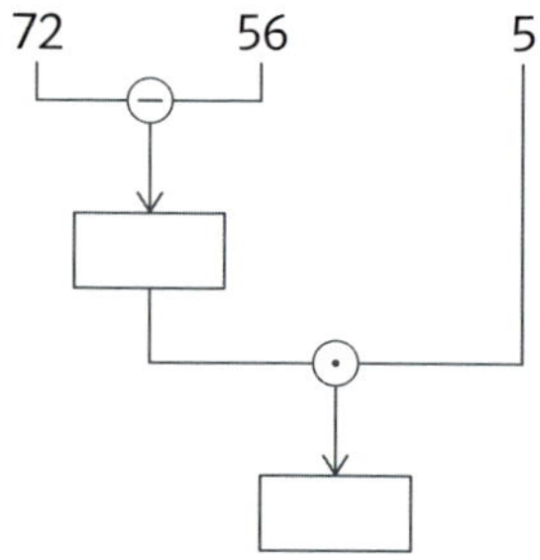

d) 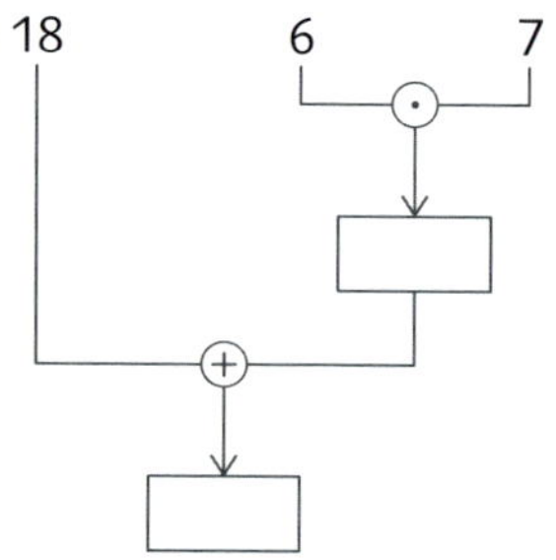

Aufgabe 12 ●●○

Schreibe zu jedem Rechenbaum einen Term und berechne den Wert des Terms.
Achte darauf, Klammern zu setzen.

a) 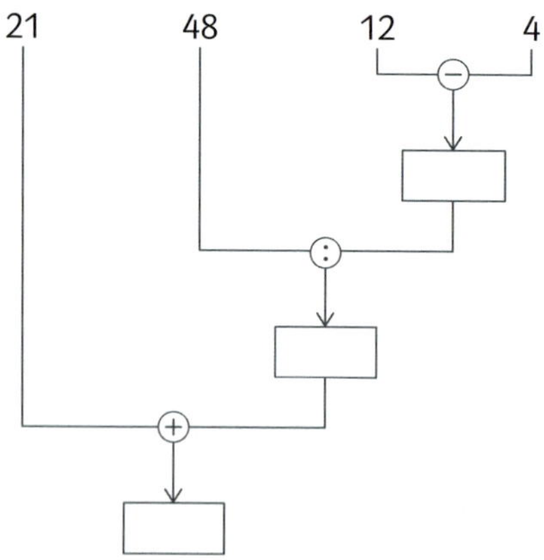

b) 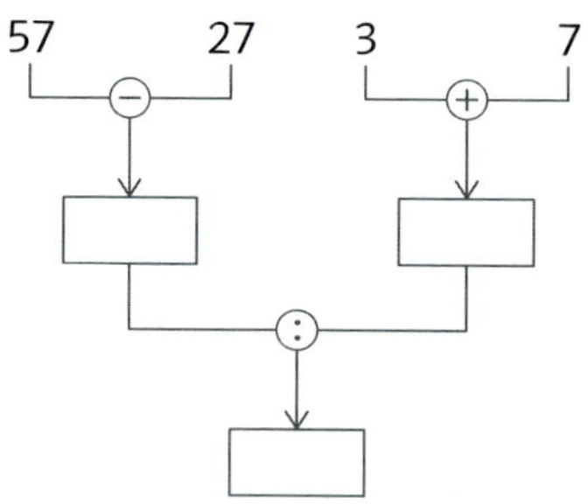

c)

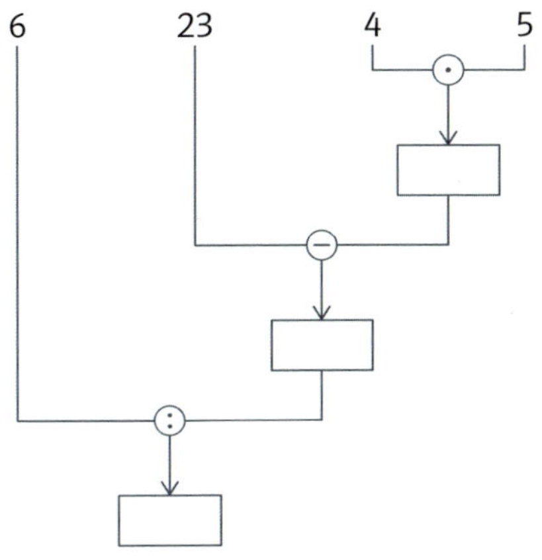

d)

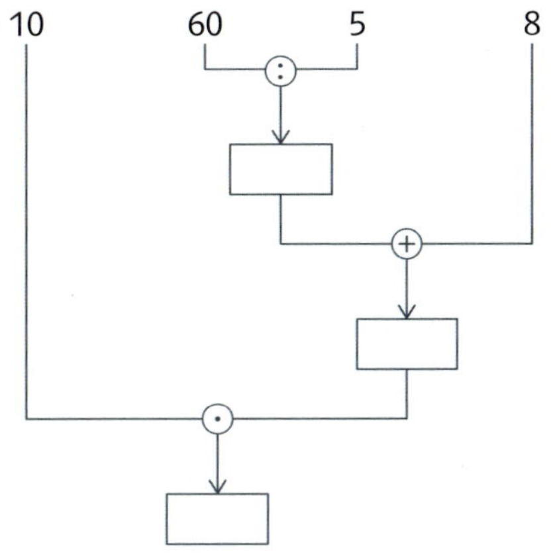

Aufgabe 13 ●○○

Berechne den Wert der Terme mithilfe eines Rechenbaums.

a) $(25 - 17) \cdot 11$

b) $8 + (5 \cdot 3)$

c) $47 + 8 \cdot 4$

d) $(24 - 12) \cdot 6 + 7$

e) $40 : 5 + 15 \cdot 6$

f) $(14 + 6) \cdot (12 - 9) + 15$

Aufgabe 14 ●●○

Berechne den Wert der Terme mithilfe eines Rechenbaums.

a) $(20 + 4 \cdot 7) : 6$

b) $[25 - (20 - 5)] \cdot 4 : 5$

c) $22 + (32 - 40 : 4) - 11$

d) $(54 - 27) : (11 - 32 : 4)$

e) $45 - (5 + 6) \cdot 2 + 29$

f) $123 - 48 - (27 + 6 \cdot 3 - 5)$

Aufgabe 15 ●○○

Berechne den Wert der Terme. Schreibe auf, in welcher Reihenfolge du vorgehen musst.

a) $(63 - 59) \cdot (72 : 8)$

b) $25 + 5 - (45 : 3)$

c) $72 + (52 - 5 \cdot 8)$

Aufgabe 16 ●●○

Berechne den Wert der Terme. Schreibe auf, in welcher Reihenfolge du vorgehen musst.

a) $6 \cdot (24 - 4) + 35$

b) $(12 \cdot 6) - (20 - 5) \cdot 2$

c) $24 - [5 \cdot (6 + 7) - 50]$

Punkt- und Strichrechnungen vereinfachen – Kommutativ- und Assoziativgesetz

Kompetenzcheck

Ich kann …	Aufgabe	Ergebnis
… Terme geschickt mithilfe des Kommutativ- und Assoziativgesetzes berechnen.	**Aufgabe 1** Berechne vorteilhaft. a) $34 + 78 + 66 + 12$ b) $5 \cdot 9 \cdot 14$	→ S. 137

Schritt-für-Schritt-Erklärung

Kommen in einem Term nur Strichrechnungen oder nur Punktrechnungen vor, musst du eigentlich von links nach rechts rechnen. Wenn du aber einige **Tipps und Tricks** anwenden kannst, kann deine Rechnung viel leichter werden. Solche Tipps und Tricks nennt man auch **Rechengesetze**.

Beispiel: Berechne 74 + 154 + 26.

Möglichkeit 1: von links nach rechts

74 + 154 + 26
= 228 + 26
= 254

Möglichkeit 2: andere Reihenfolge

74 + 154 + 26
= 74 + (154 + 26)
= 74 + 180
= 254

Möglichkeit 3: vertauschen

74 + 154 + 26
= 74 + 26 + 154
= 100 + 154
= 254

Wer erkennt, dass 74 + 26 = 100 ist, kann die Reihenfolge beim Addieren vertauschen und hat dadurch einen Vorteil beim Rechnen.

Fachbegriffe

Was ist das Vertauschungsgesetz oder Kommutativgesetz?

I. Das Kommutativgesetz der Addition

In einer Summe darf man die Reihenfolge der Summanden vertauschen.

kurz: **a + b = b + a**

II. Das Kommutativgesetz der Multiplikation

In einem Produkt darf man die Reihenfolge der Faktoren vertauschen.

kurz: **a · b = b · a**

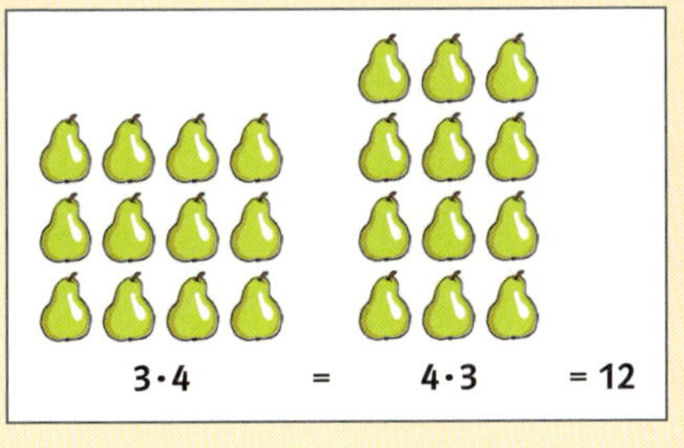

Interessant ist, dass du das Kommutativgesetz auch beim Sprechen von Zahlen in verschiedenen Sprachen findest:

deutsch: 52 „zweiundfünfzig"
mathematisch: 52 = 2 + 50

englisch: 52 "fifty-two"
mathematisch: 52 = 50 + 2

Schritt-für-Schritt-Erklärung

Fachbegriffe

Was ist das Assoziativgesetz?

Das Assoziativgesetz heißt auch **Klammergesetz** oder **Verbindungsgesetz.**

I. Das Assoziativgesetz der Addition

In einer Summe mit drei oder mehr Summanden darfst du beliebig Klammern setzen oder weglassen und somit die Rechenreihenfolge verändern.

kurz: $a + b + c = a + (b + c) = (a + b) + c$

Beispiel:

$43 + 65 + 35$
$= 43 + (65 + 35)$
$= 43 + 100$
$= 143$

II. Das Assoziativgesetz der Multiplikation

Bei der Multiplikation von drei oder mehr Faktoren darfst du beliebig Klammern setzen oder vertauschen und damit die Rechenreihenfolge verändern.

kurz: $a \cdot b \cdot c = a \cdot (b \cdot c) = (a \cdot b) \cdot c$

Beispiel:

$13 \cdot 15 \cdot 2$
$= 13 \cdot (15 \cdot 2)$
$= 13 \cdot 30$
$= 390$

So gehst du vor

So kannst du Terme geschickt mithilfe des Kommutativ- und Assoziativgesetzes berechnen:

Tipp 1:

Überprüfe bei der Addition, ob zwei Summanden gut addiert werden können, z.B. wenn zwei Endziffern addiert 10 ergeben.

Beispiel:

$164 + 88 + 36 + 12$
$= 164 + 36 + 88 + 12$ (vertauschen (KG))
$= (164 + 36) + (88 + 12)$ (Rechenreihenfolge ändern (AG))
$= 200 + 100$
$= 300$

Tipp 2:

Überprüfe bei der Multiplikation, ob zwei Faktoren leicht multipliziert werden können, z.B. wenn 5 mit 2, 4, 6 oder 8 multipliziert wird.

Beispiel:

$25 \cdot 5 \cdot 12 \cdot 4$
$= 25 \cdot 4 \cdot 5 \cdot 12$ (vertauschen (KG))
$= (25 \cdot 4) \cdot (5 \cdot 12)$ (Rechenreihenfolge ändern (AG))
$= 100 \cdot 60$
$= 6000$

Übungsaufgaben

Aufgabe 17 ●○○

Berechne den Wert der Terme im Kopf. Benutze die Rechengesetze, um vorteilhaft rechnen zu können.

a) $24 + 55 + 45$

b) $37 + 163 + 17$

c) $21 + 32 + 79$

d) $146 + 24 + 54$

Aufgabe 18 ●○○

Berechne den Wert der Terme. Benutze die Rechengesetze, um vorteilhaft rechnen zu können.

a) $13 + 44 + 86 + 87$

b) $72 + 28 + 24 + 26$

c) $56 + 123 + 44 + 77$

d) $65 + 55 + 45 + 35$

Aufgabe 19 ●●○

Wurden die Aufgaben vorteilhaft berechnet? Erkläre. Wenn die Aufgaben leichter berechnet werden können, schreibe den Rechenweg auf.

a) $75 + 12 + 25$
$= 87 + 25$
$= 112$

b) $27 + 167 + 33$
$= 27 + (167 + 33)$
$= 27 + 200$
$= 227$

c) $168 + (32 + 81)$
$= (168 + 32) + 81$
$= 200 + 81$
$= 281$

d) $(25 + 68) + 32$
$= 93 + 32$
$= 125$

Aufgabe 20 ●○○

Berechne den Wert der Terme. Benutze die Rechengesetze, um vorteilhaft rechnen zu können.

a) $5 \cdot 17 \cdot 2$

b) $12 \cdot 8 \cdot 5$

c) $25 \cdot 9 \cdot 4$

d) $5 \cdot 3 \cdot 14$

Aufgabe 21 ●○○

Berechne den Wert der Terme. Benutze die Rechengesetze, um vorteilhaft rechnen zu können.

a) $2 \cdot 3 \cdot 4 \cdot 50$

b) $4 \cdot 5 \cdot 20 \cdot 25$

c) $2 \cdot 13 \cdot 2 \cdot 25$

d) $5 \cdot 4 \cdot 7 \cdot 20$

Ausklammern und Ausmultiplizieren – das Distributivgesetz

Kompetenzcheck

Ich kann …	Aufgabe	Ergebnis
… Klammern ausmultiplizieren.	**Aufgabe 1** Multipliziere aus und berechne dann den Wert des Terms. a) $15 \cdot (20 - 3)$ b) $(48 - 16) : 4$	☺ ☹ → S. 137
… ausklammern.	**Aufgabe 2** Klammere aus und berechne. a) $5 \cdot 3 + 5 \cdot 7$ b) $8 \cdot 11 - 9 \cdot 8$	☺ ☹ → S. 137

Schritt-für-Schritt-Erklärung

Beim Multiplizieren von zwei großen Zahlen kannst du einen **Kopfrechentrick** benutzen.
$12 \cdot 17$ kannst du vorteilhaft berechnen, indem zu zuerst $12 \cdot 10 = 120$ und dann $12 \cdot 7 = 84$ rechnest und dann die Teilergebnisse addierst.
Dies schreibt man mathematisch kurz als

$$\begin{aligned} & 12 \cdot 7 \\ = \; & 12 \cdot (10 + 7) \\ = \; & 12 \cdot 10 + 12 \cdot 7 = 120 + 84 = 204 \end{aligned}$$

und nennt es **ausmultiplizieren**.
Dabei wird nicht zuerst die Klammer berechnet, sondern das **Verteilungsgesetz** (Distributivgesetz) angewendet.

Fachbegriffe

Was ist das Distributivgesetz?

Das Distributivgesetz besagt, dass man eine Summe mit einem Faktor multiplizieren kann, indem man jeden Summanden in der Klammer mit dem Faktor multipliziert. Dann werden die einzelnen Teilergebnisse addiert. Dies nennt man **Ausmultiplizieren**.

Es gilt: $a \cdot (b \oplus c) = a \cdot b \oplus a \cdot c$

Beispiel: $4 \cdot (3 + 2)$

$$\begin{aligned} & 4 \cdot (3 + 2) \\ = \; & \underbrace{4 \cdot 3}_{} + \underbrace{4 \cdot 2}_{} \\ = \; & 12 + 8 \\ = \; & 20 \end{aligned}$$

anschaulich:

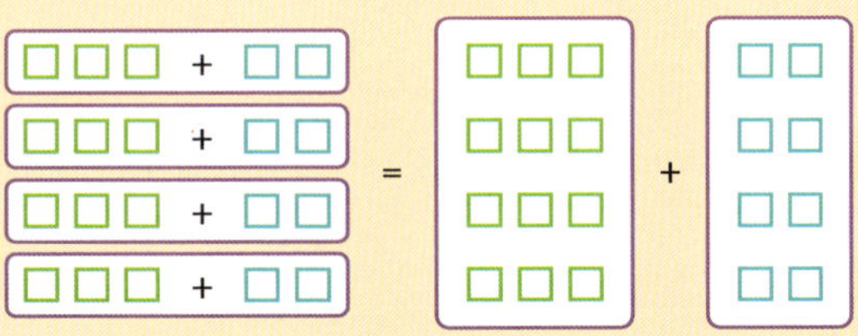

Umgekehrt gilt aber auch:
Man kann zwei Produkte addieren, indem man einen gemeinsamen Faktor vor eine Klammer schreibt. Dann wird zuerst die Klammer berechnet und mit dem gemeinsamen Faktor multipliziert. Dies nennt man **Ausklammern**.

$$\begin{aligned} & a \cdot b \oplus a \cdot c \\ = \; & a \cdot (b \oplus c) \end{aligned}$$

Beispiel: $4 \cdot 3 + 4 \cdot 2$
$= 4 \cdot (3 + 2)$

Schritt-für-Schritt-Erklärung

Merke: Das Distributivgesetz gilt auch für die Multiplikation einer Differenz und für die Division einer Summe oder Differenz.

Beispiele:

a) $5 \cdot (20 - 2)$
$= 5 \cdot 20 - 5 \cdot 2$
$= 100 - 10 = 90$

b) $(54 + 81) : 9$
$= 54 : 9 + 81 : 9$
$= 6 + 9 = 15$

c) $(50 - 15) : 5$
$= 50 : 5 - 15 : 5$
$= 10 - 3 = 7$

So gehst du vor

So kannst du Ausmultiplizieren:

1. Markiere den Faktor (Divisor) und multipliziere (dividiere) jede Zahl in der Klammer mit dem Faktor (durch den Divisor).
2. Verbinde die beiden Teilergebnisse durch das Rechenzeichen in der Klammer.

Beispiel:
$8 \cdot (40 - 5)$
$= 8 \cdot 40 - 8 \cdot 5$
$= 320 - 40 = 280$

So gehst du vor

So kannst du Ausklammern:

Um Ausklammern zu können, brauchst du zwei Produkte (Quotienten), die durch eine Strichrechnung verbunden sind. Wichtig ist, dass jeweils ein Faktor (der Divisor) gleich ist.

1. Suche den gemeinsamen Faktor (Divisor), markiere ihn farbig und streiche ihn dann durch.
2. Schreibe die Zahlen, die übrig bleiben, mit dem Rechenzeichen in eine Klammer und den Faktor davor bzw. den Divisor dahinter.

Beispiele:

a) $\cancel{5} \cdot 7 + \cancel{5} \cdot 3$
$= 5 \cdot (7 + 3)$
$= 5 \cdot 10 = 50$

b) $21 : \cancel{7} + 56 : \cancel{7}$
$= (21 + 56) : 7$
$= 77 : 7 = 11$

So gehst du vor

So kannst du mithilfe des Distributivgesetzes zwei Zahlen geschickt multiplizieren:

1. Zerlege zuerst einen Faktor in seine Stufenzahlen.
2. Dann multiplizierst du den ersten Faktor jeweils mit den Stufenzahlen.
3. Zum Schluss addierst du die Teilergebnisse.

Beispiel: $8 \cdot 85$

$= 8 \cdot (80 + 5)$ — zerlegen

$= 8 \cdot 80 + 8 \cdot 5$ — ausmultiplizieren

$= 640 + 40$
$= 680$ — berechnen

Übungsaufgaben

Aufgabe 22 ●○○

Multipliziere aus und berechne dann den Wert des Terms. Ergänze zuerst die fehlenden Zahlen und Rechenzeichen.

a) $17 \cdot (20 - 1)$
$= 17 \cdot 20$ ___ $17 \cdot 1$
$=$ ___

b) $35 \cdot (10 + 2)$
$= 35 \cdot$ ___ $+ 35 \cdot$ ___
$=$ ___

c) $9 \cdot (30 + 7)$
$= 9 \cdot$ ___ $+ 9 \cdot$ ___
$=$ ___

d) $(30 + 8) \cdot 12$
$= 30 \cdot$ ___ $+$ ___ $\cdot 12$
$=$ ___

Aufgabe 23 ●○○

Multipliziere aus und berechne.

a) $5 \cdot (20 + 8)$
b) $4 \cdot (15 + 9)$
c) $8 \cdot (20 - 3)$
d) $9 \cdot (20 - 5)$

Aufgabe 24 ●○○

Wende das Distributivgesetz an und berechne.

a) $(20 + 7) \cdot 3$
b) $(30 - 7) \cdot 9$
c) $(36 + 44) : 4$
d) $(99 - 36) : 9$

Aufgabe 25 ●○○

Berechne die Produkte im Kopf. Zerlege dazu einen Faktor in seine Stufenzahlen und multipliziere dann aus. Entscheide selbst, ob du addieren oder subtrahieren möchtest.

a) $23 \cdot 21$
b) $18 \cdot 19$
c) $17 \cdot 32$
d) $25 \cdot 12$
e) $12 \cdot 28$
f) $14 \cdot 18$

Aufgabe 26 ●○○

Markiere zuerst den gemeinsamen Faktor. Klammere dann aus und berechne.

a) $3 \cdot 3 + 3 \cdot 7$
b) $4 \cdot 9 + 4 \cdot 11$
c) $5 \cdot 24 + 5 \cdot 6$
d) $8 \cdot 13 + 8 \cdot 17$

Aufgabe 27 ●○○

Klammere aus und berechne.

a) $5 \cdot 28 - 5 \cdot 18$
b) $8 \cdot 33 - 13 \cdot 8$
c) $84 : 4 - 24 : 4$
d) $35 : 5 - 25 : 5$

Schritt-für-Schritt-Erklärung

So gehst du vor

So kannst du entscheiden, ob das Distributivgesetz vorteilhafter ist oder ob du zuerst die Klammer berechnen sollst:

Beispiele:

1. Klammer zuerst

Berechne zuerst die Klammer, wenn …

- du die Klammer multiplizieren musst und in der Klammer die Summe oder Differenz eine Stufenzahl ergibt.

$$4 \cdot (26 - 6) = 4 \cdot 20 = 80$$

- du die Klammer dividieren musst und in der Klammer die Summe oder Differenz eine Zahl aus der Reihe des Divisors ergibt.

$$(54 + 36) : 9 = 90 : 9 = 10$$

2. Distributivgesetz

Berechne durch Ausmultiplizieren, wenn …

- in der Klammer schon eine Stufenzahl steht
- die Zahlen klein sind und dadurch Ausmultiplizieren leichter geht.

$$5 \cdot (20 + 9) = 5 \cdot 20 + 5 \cdot 9 = 100 + 45 = 145$$

$$(88 + 64) : 8 = 88 : 8 + 64 : 8 = 11 + 8 = 19$$

Berechne durch Ausklammern, wenn …

- die Summe oder Differenz eine Stufenzahl ist.

$$3 \cdot 11 + 3 \cdot 9 = 3 \cdot (11 + 9) = 3 \cdot 20 = 60$$

Übungsaufgaben

Aufgabe 28 ●○○

Löse die Aufgaben auf zwei Wegen. Entscheide dann, welcher Weg für dich der einfachere war.

a) $4 \cdot (25 + 7)$ | Klammer zuerst
$= 4 \cdot$ ___
$=$ ___

$4 \cdot (25 + 7)$ | ausmultiplizieren
$= 4 \cdot$ ___ $+ 4 \cdot$ ___
$=$ ___

b) $5 \cdot (30 - 7)$ | Klammer zuerst
$= 5 \cdot$ ___
$=$ ___

$5 \cdot (30 - 7)$ | ausmultiplizieren
$= 5 \cdot$ ___ $- 5 \cdot$ ___
$=$ ___

c) $7 \cdot (38 - 18)$ | Klammer zuerst
$= 7 \cdot$ ___
$=$ ___

$7 \cdot (38 - 18)$ | ausmultiplizieren
$= 7 \cdot$ ___ $- 7 \cdot$ ___
$=$ ___

d) $(42 + 66) : 6$ | Klammer zuerst
$=$ ___ $: 6$
$=$ ___

$(42 + 66) : 6$ | ausmultiplizieren
$=$ ___ $: 6 +$ ___ $: 6$
$=$ ___

Aufgabe 29 ●○○

Löse die Aufgaben auf zwei Wegen. Entscheide dann, welcher Weg für dich der einfachere war.

a) $6 \cdot 13 + 6 \cdot 7$ | Punkt vor Strich
$=$ ___ $+$ ___
$=$ ___

$6 \cdot 13 + 6 \cdot 7$ | ausklammern
$= 6 \cdot ($ ___ $+$ ___ $)$
$=$ ___

b) $96 : 4 - 16 : 4$ | Punkt vor Strich
$=$ ___ ___ ___
$=$ ___

$96 : 4 - 16 : 4$ | ausklammern
$= ($ ___ $-$ ___ $) : 4$
$=$ ___

c) $8 \cdot 5 + 8 \cdot 11$ | Punkt vor Strich
$=$ ___ $+$ ___
$=$ ___

$8 \cdot 5 + 8 \cdot 11$ | ausklammern
$= 8 \cdot ($ ___ $+$ ___ $)$
$=$ ___

Terme in Wortform

Kompetenzcheck

Ich kann …	Aufgabe	Ergebnis
… Terme in Wortform als Rechenausdruck mit Zahlen schreiben.	**Aufgabe 1** Übertrage den Term in Wortform in einen Rechenausdruck mit Zahlen. a) Addiere zu 234 das Produkt der Zahlen 12 und 8. ____________________ b) Multipliziere die Summe von 15 und 7 mit der Differenz der Zahlen 36 und 27. ____________________	☺ 😐 ☹ → S. 137
… mit den Fachbegriffen der Grundrechenarten die einzelnen Elemente eines Terms benennen.	**Aufgabe 2** Ergänze diese Fachbegriffe im Rechenbaum. Produkt · Quotient · Differenz · Summe a) 124 − 13 · 8 124 13 8 → [ ] 124 − 104 → [ ] 20 Der Term ist also ein/e [ ]. b) 5 · (13 − 3 · 3) 5 13 3 3) → [ ] 5 · (13 − 9) → [ ] 5 · 4 → [ ] 20 Der Term ist also ein/e [ ].	☺ 😐 ☹ → S. 137
… Terme in Wortform übersetzen.	**Aufgabe 3** Übersetze den Term in Wortform. a) 52 + (78 − 10) ____________________ b) (43 + 17) : (20 − 8) ____________________	☺ 😐 ☹ → S. 137

Schritt-für-Schritt-Erklärung

Fachbegriffe

Der Fachbegriff für Plusrechnen oder Zusammenzählen ist **addieren**. Die Zahlen, die addiert werden heißen **Summanden**. Sie können nach ihrer Reihenfolge durchnummeriert werden. Die gesamte Rechnung (**Addition**) nennt man **Summe**.
Das Ergebnis einer Addition nennt man **Wert der Summe** oder auch kurz **Summe**.

Summe				
5	+	2	=	7
1. Summand		2. Summand		(Wert der) Summe

Der Fachbegriff für eine Rechnung, in der Zahlen voneinander **abgezogen** werden, ist **Subtraktion**. Statt abziehen sagt man auch **subtrahieren**. Bei einer Subtraktion kommt es auf die Reihenfolge an. Deshalb haben die Zahlen auch unterschiedliche Namen. Die erste Zahl ist der **Minuend**, die Zahl, die davon **subtrahiert** wird, ist der **Subtrahend**. Die Rechnung nennt man **Differenz**, das Ergebnis **Wert der Differenz** oder auch kurz **Differenz**.

Differenz				
5	–	2	=	3
Minuend		Subtrahend		(Wert der) Differenz

Das kannst du dir so merken: Im Alphabet kommt Minuend vor Subtrahend.

Der Fachbegriff für eine Rechnung, in der **Zahlen** malgenommen werden, ist **Multiplikation**. Statt malnehmen sagt man auch **multiplizieren**.
Die Zahlen, die multipliziert werden, heißen **Faktoren**. Sie können nach ihrer Reihenfolge durchnummeriert werden. Die gesamte Rechnung (Multiplikation) nennt man **Produkt**.
Das Ergebnis einer Multiplikation nennt man **Wert des Produkts** oder auch kurz Produkt.

Produkt				
10	·	5	=	50
1. Faktor		2. Faktor		(Wert des) Produkts

Der Fachbegriff für eine Rechnung, in der eine Zahl durch eine andere Zahl **geteilt** wird, ist **Division**. Statt teilen sagt man auch **dividieren**.
Bei einer Division kommt es auf die Reihenfolge an. Deshalb haben die Zahlen auch unterschiedliche Namen. Die erste Zahl heißt **Dividend**, die zweite Zahl, durch die geteilt wird, ist der **Divisor**.
Die Rechnung heißt **Quotient**, das Ergebnis **Wert des Quotienten** oder auch kurz **Quotient**.

Quotient				
10	:	5	=	2
Dividend		Divisor		(Wert des) Quotienten

Das kannst du dir so merken: Im Alphabet kommt Dividend vor Divisor.

Schritt-für-Schritt-Erklärung

Fachbegriffe

Darstellungsformen für Terme

Ein Term kann in verschiedenen Darstellungsformen gegeben sein:

- mit **Zahlen und Rechenzeichen** — $(24 - 9) \cdot 8$
- als **Rechenbaum**

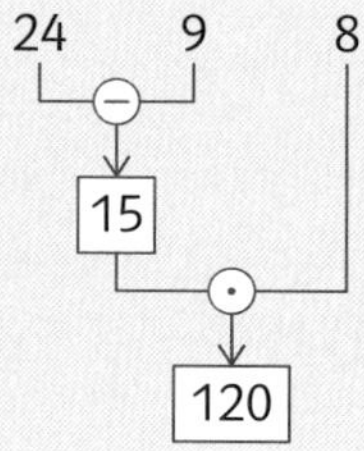

- in **Wortform**
  Dabei ist die Wortform so etwas wie eine mündliche Arbeitsanweisung, die dir z. B. der Lehrer im Unterricht gibt.

  Multipliziere die Differenz von 24 und 9 mit 8.
  oder
  Bilde das Produkt von der Differenz aus 24 und 9 mit 8.

Der **letzte Rechenschritt** gibt an, um was für einen Term es sich handelt.

Der letzte Rechenschritt ist „mal“. Der Term ist also ein Produkt.

So gehst du vor

So kannst du Terme in Wortform in einen Rechenausdruck mit Zahlen übersetzen:

Beispiel:

1. Zerlege den Satz in einzelne Bestandteile bzw. Arbeitsschritte, also „addiere zu“, „subtrahiere von“, „multipliziere mit“ oder „dividiere durch“.

   Subtrahiere von 54 das Produkt von 12 und 3.

2. Schreibe die Arbeitsanweisungen mit Zahlen und Rechenzeichen. Beachte die Reihenfolge. Du kannst nichts falsch machen, wenn du um die Summe, die Differenz, das Produkt oder den Quotienten eine Klammer setzt.

   Subtrahiere von 54: $54 -$
   Produkt von 12 und 3: $(12 \cdot 3)$

3. Setze den Term in Zahlform zusammen.

   Term in Zahlform:
   $54 - (12 \cdot 3)$
   $= 54 - 12 \cdot 3$

   Hier kannst du die Klammer wegen Punkt vor Strich auch weglassen.

Übungsaufgaben

Aufgabe 30 ●○○
Verbinde die passenden Terme.

a) Subtrahiere vom Produkt aus 12 und 5 den Quotienten von 72 und 8.
b) Addiere zum Quotienten aus 72 und 12 die Differenz von 12 und 5.
c) Multipliziere die Differenz von 12 und 5 mit dem Quotienten von 72 und 8.
d) Dividiere die Summe aus 72 und 8 durch die Differenz von 12 und 4.
e) Addiere zur Differenz von 72 und 12 das Produkt von 5 und 4.

① $(12 - 5) \cdot (72 : 8)$

② $(72 + 8) : (12 - 4)$

③ $12 \cdot 5 - 72 : 8$

④ $(72 - 12) + 5 \cdot 4$

⑤ $72 : 12 + (12 - 5)$

Aufgabe 31 ●○○
Übersetze die Rechenausdrücke in einen Term mit Zahlen und berechne dann jeweils den Wert des Terms.

a) Addiere zu 123 das Produkt von 12 und 3.
b) Subtrahiere 21 von der Summe von 38 und 29.
c) Multipliziere die Differenz von 35 und 25 mit 15.
d) Dividiere das Produkt von 15 und 5 durch 3.
e) Multipliziere die Differenz von 13 und 5 mit der Summe von 8 und 7.
f) Addiere zum Produkt von 14 und 2 das Produkt der Differenz von 7 und 3 mit 4.

Schritt-für-Schritt-Erklärung

So gehst du vor

So kannst du einen Term in Wortform übersetzen:

1. Schreibe den Term als Rechenbaum. Die Teilergebnisse kannst du dabei weglassen.
   Lies dann den Term **von unten nach oben**.
2. Der letzte Rechenschritt gibt dir (meist) die erste Arbeitsanweisung an.
3. Übersetze die Rechenschritte mit den Fachbegriffen.
4. Schreibe einen korrekten deutschen Satz.

Beispiel:
$(30 - 22) \cdot 13 + 5$

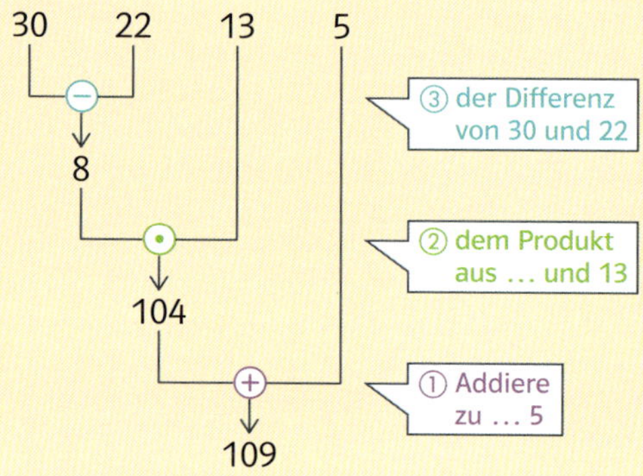

Term in Wortform:
Addiere 5 zu dem Produkt aus der Differenz von 30 und 22 mit 13.

So gehst du vor

So kannst du einen Term gliedern und entscheiden, um was für einen Term es sich handelt:

1. Stelle den Term durch einen **Rechenbaum** dar.
2. Benenne die einzelnen Rechenschritte mit den zugehörigen Fachbegriffen.
3. Der **letzte Schritt** gibt die Art des Terms an.

Beispiel:
$(72 - 12) + 5 \cdot 4$

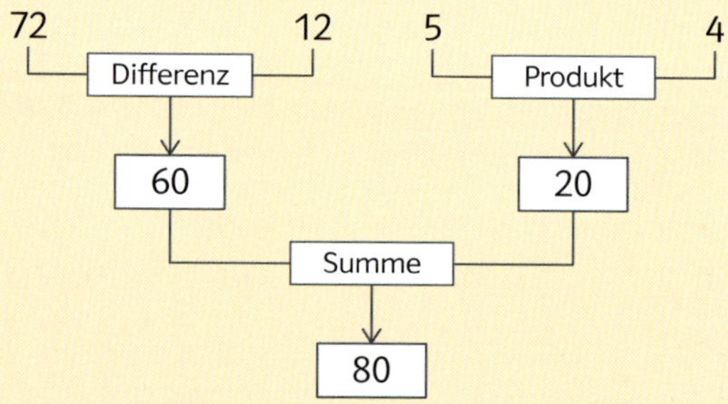

Der Term ist eine Summe.

Übungsaufgaben

Aufgabe 32 ●○○

Übersetze die Rechenbäume in Terme in Wortform und berechne dann ihren Wert.

a) 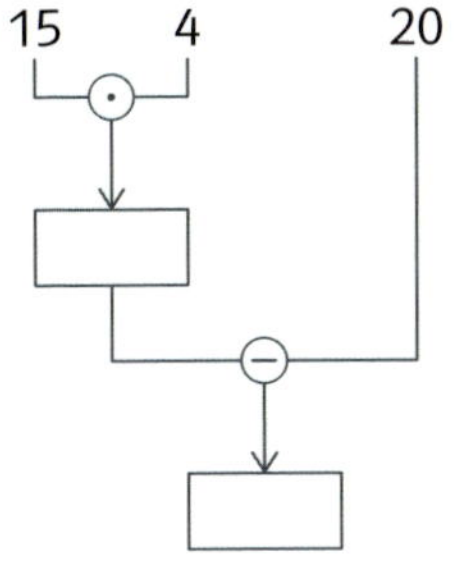

b) 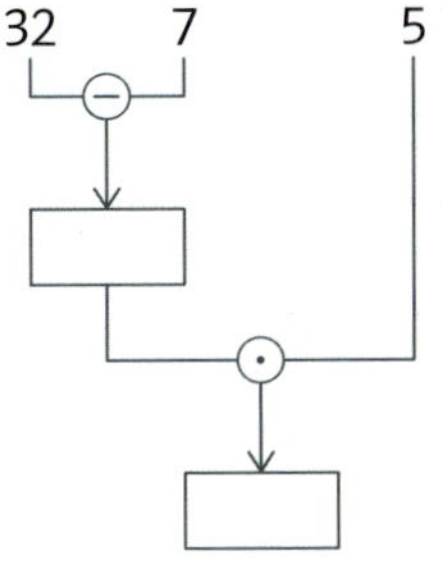

c) 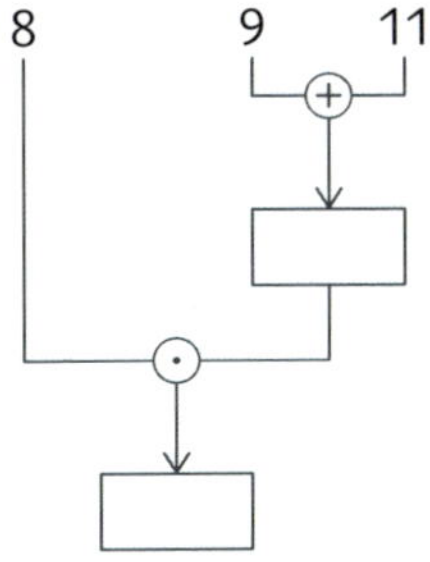

d) 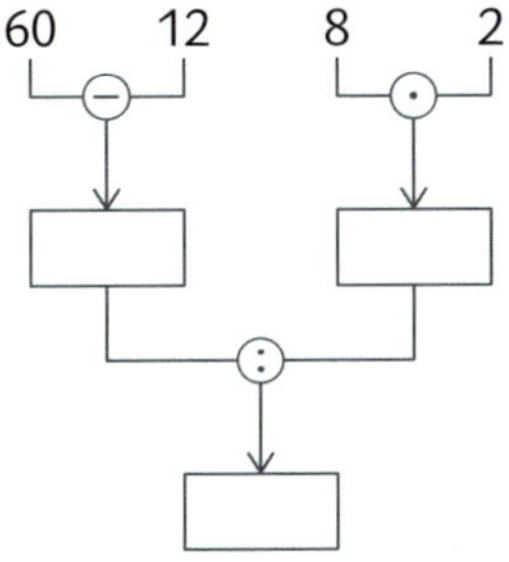

Aufgabe 33 ●○○

Übersetze die Terme in Wortform und berechne dann ihren Wert.

a) $161 + 17 \cdot 7$

b) $64 : 4 - 11$

c) $(48 - 8) \cdot (27 - 7)$

d) $(4 + 6) \cdot 3 - 5$

Aufgabe 34 ●○○

Gliedere den Term, indem du die einzelnen Elemente benennst und gib an, um was für einen Term es sich handelt. Berechne dann den Wert des Terms.

a) $78 - 15 \cdot 4$

b) $25 + (12 + 3 \cdot 6) : 6$

c) $(64 - 6 \cdot 4) \cdot (15 : 3)$

d) $72 : (16 + (32 - 6 \cdot 4))$

Zu Sachsituationen Zahlterme aufstellen

Kompetenzcheck

Ich kann …	Aufgabe	Ergebnis
… Sachaufgaben mithilfe von Termen lösen.	**Aufgabe 1** Die Schule möchte den Schulgarten einheitlich bepflanzen. In jedes Beet kommen 6 Gartenkräuter zu je 1,90 €, 4 Tomatenpflanzen zu je 1,50 € und 3 Zierpflanzen zu je 3,50 €. Der Schulgarten hat vier Beete. Wie viel kostet die Bepflanzung des Schulgartens? Stelle einen Term auf und löse damit die Aufgabe.	→ S. 138

Schritt-für-Schritt-Erklärung

Tipps

Diese Signalwörter helfen dir beim Lösen von Textaufgaben:

Beim Lösen von Textaufgaben geben dir häufig so genannte Signalwörter an, welche Rechnungen du zur Lösung durchführen musst.
Deshalb kann es dir helfen, wenn du im Text die wichtigen Stellen und Signalworte farbig hervorhebst bzw. unterstreichst.

Signalwörter	Rechnung
hinzuzählen, dazu kommen, zusammen, größer, mehr	Addition ⊕
wegnehmen, abziehen, weniger, vermindern, abheben (Konto)	Subtraktion ⊖
doppelt so viele, mal, das Dreifache, je	Multiplikation ⊙
die Hälfte, der fünfte Teil, verteile, aufteilen, Einzelpreis	Division ⨸

So gehst du vor

So wird das Gleichheitszeichen richtig gebraucht:

Beim Lösen von Textaufgaben brauchst du häufig mehrere Rechenschritte, bis du das Problem mathematisch gelöst hast. Dabei kannst du die Schritte einzeln aufschreiben oder in einer einzigen Rechnung als einen Term aufschreiben. Dabei musst du auf den richtigen Gebrauch des Gleichheitszeichens achten.

Ein Gleichheitszeichen ist wie eine Waage. Achte darauf, dass der Term vor und nach dem Gleichheitszeichen den gleichen Wert hat!

richtig:

$(4 + 6) \cdot 3 - 5 = 10 \cdot 3 - 5$
$= 30 - 5 = 25$

falsch:

$(6 + 4) \cdot 3 - 5$
$\cancel{=}\ 10 \cdot 3\ \cancel{=}\ 30 - 5 = 25$
$\underbrace{10 \cdot 3}_{30} \neq 25$

So gehst du vor

So löst du eine Textaufgabe mithilfe von Termen:

Melissa kauft für den Schulausflug **drei** Schokoriegel zu je **0,46 €**, **ein** belegtes Brötchen für **2,29 €** und **zwei** Flaschen Limonade für je **1,49 €**. Stelle einen Term auf, mit dem du direkt die Kosten des Einkaufs berechnen kannst.

1. Wichtige Daten aus dem Text farbig markieren.
2. Term aufstellen.
3. Wert des Terms berechnen.

$3 \cdot 0{,}46\,€ + 1 \cdot 2{,}29\,€ + 2 \cdot 1{,}49\,€$
$= 1{,}38\,€ + 2{,}29\,€ + 2{,}98\,€$
$= 6{,}65\,€$
Der Einkauf kostet 6,65 €.

Übungsaufgaben

Aufgabe 35 ●○○
Frau Maier bucht für ihren Mann und die zwei Kinder eine 7-tägige Kreuzfahrt.
Die Eltern zahlen je 549 €, ein Kind kostet 199 €. Für jeden Tag zahlen die Eltern noch je 12 € und jedes Kind 8 € für den Service.
Stelle einen Term auf und berechne damit die Kosten der Kreuzfahrt.

Aufgabe 36 ●○○
Für das Weihnachtskonzert verkauft die Schule insgesamt 642 Eintrittskarten.
Die Hälfte davon sind Frauen, ein Drittel Männer, der Rest sind Kinder.
Stelle einen Term auf, mit dem du die Anzahl der Kinder in dem Konzert berechnen kannst.

Aufgabe 37 ●○○
In der Schule soll die Aula bestuhlt werden. Dafür muss der Hausmeister einen Stuhltransport organisieren. Bisher wurden 24 Reihen mit je 15 Stühlen bestuhlt.
Wie viele Reihen gibt es, wenn in jeder Reihe nur 12 Stühle stehen?
Stelle einen Term auf, mit dem du die Anzahl der Reihen berechnen kannst.

Aufgabe 38 ●○○
In einem Kino gibt es 200 Plätze im Parkett zu je 7 € und 100 Logen-Plätze zu je 8 €.
Stelle einen Term auf, mit dem man die Einnahmen durch die Eintrittskarten berechnen kann, wenn die Vorstellung ausverkauft ist.

Abschlusskompetenzcheck

Ich kann … ✓

1 **… Rechenregeln für das Berechnen von Termen anwenden.**
Berechne den Wert des Terms.

a) $24 + 2 \cdot 8$ b) $12 \cdot 5 - 81 : 9$ c) $15 \cdot 2 + 10 - 4 \cdot 5$

2 **… Terme mit Klammern berechnen.**
Berechne den Wert des Terms.

a) $(23 - 8) \cdot 6$ b) $(49 \cdot 2) : (18 - 4)$ c) $(28 - (8 + 5)) \cdot 4$

3 **… Terme mit Klammern berechnen.**
Setze Klammern so, dass der Term den angegebenen Wert hat.

a) $5 + 4 \cdot 3 + 2 = 25$ b) $6 - 5 \cdot 4 + 3 - 2 = 5$

4 **… einen Rechenbaum in einen Term übersetzen und den Wert des Terms berechnen.**
Ergänze den Rechenbaum und gib den Term an.

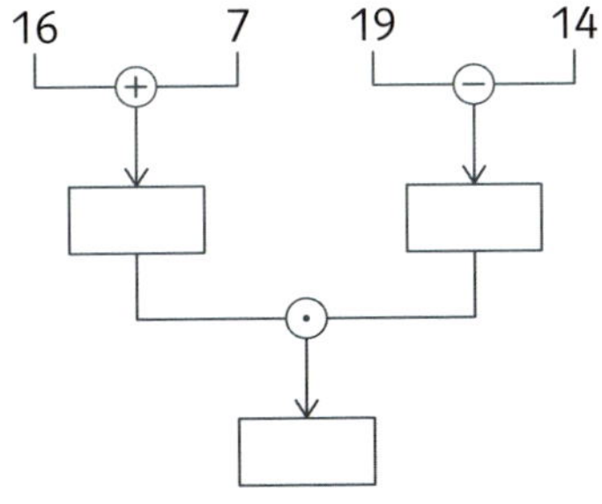

Term: ______________________________

	Ich kann ...	✓
5	**... einen (mehrgliedrigen) Term in einen Rechenbaum übersetzen und den Wert berechnen.** Stelle den Term mit einem Rechenbaum dar und berechne den Wert. a) $4 \cdot (13 - 3 \cdot 3)$ b) $(9 + 3 \cdot (13 - 8)) : 6$	
6	**... Terme vorteilhaft mithilfe der Rechengesetze berechnen.** Berechne vorteilhaft. a) $56 + 36 + 44 + 14$ b) $8 \cdot 7 \cdot 5$	
7	**... ausmultiplizieren und ausklammern.** Multipliziere aus und berechne. a) $12 \cdot (20 - 4)$ b) $(40 - 8) : 4$	
8	**... ausmultiplizieren und ausklammern.** Klammere aus und berechne. a) $3 \cdot 6 - 3 \cdot 4$ b) $36 : 9 - 27 : 9$	
9	**... entscheiden, ob Ausmultiplizieren bzw. Ausklammern vorteilhafter ist oder nicht.** Kreuze an, welche Terme durch Ausmultiplizieren oder Ausklammern vorteilhafter berechnet werden können. ☐ $5 \cdot (24 + 8)$ ☐ $13 \cdot (29 - 9)$ ☐ $(72 + 56) : 8$ ☐ $5 \cdot 12 + 5 \cdot 6$ ☐ $9 \cdot 22 + 8 \cdot 9$	

	Ich kann ...	✓
10	**... Terme in Wortform als Rechenausdruck schreiben.** Übertrage den Term in einen Rechenausdruck mit Zahlen. a) Addiere zu 234 das Produkt der Zahlen 12 und 8. ____________________ b) Dividiere die Summe von 81 und 63 durch die Differenz von 33 und 29. ____________________	
11	**... einen Term in Wortform übersetzen.** Übersetze den Term in Wortform. a) $76 - 48 : 8$ ____________________ b) $18 \cdot 7 - (33 + 19)$ ____________________	
12	**... einen Term gliedern.** Benenne die einzelnen Schritte des Terms und gib die Art des Terms an. a) $14 \cdot 2 + (7 - 3) \cdot 4$ b) $(16 \cdot 15 - 3 \cdot 4) : 3$	
13	**... Sachsituationen mithilfe von Termen lösen.** Abdul muss zum Schuljahresbeginn neue Hefte kaufen. Ein einfaches DIN-A4-Heft kostet 40 Cent, ein doppeltes DIN-A4-Heft 70 Cent und ein kleines DIN-A5-Heft 30 Cent. Insgesamt benötigt Abdul 8 einfache DIN-A4-Hefte, 6 doppelte DIN-A4-Hefte und 5 kleine Hefte. Er zahlt mit einem 10-Euro-Schein. Wie viel Geld erhält er zurück? Stelle einen Term auf, der diese Situation beschreibt und löse die Aufgabe.	

2 x-beliebig – Terme mit Variablen

Was sind Variablen?

Kompetenzcheck

Ich kann …	Aufgabe	Ergebnis
… den Wert von Termen mit Variablen durch Einsetzen berechnen.	**Aufgabe 1** Berechne den Wert des Terms. a) $5 \cdot x - 2$ für $x = 3$ b) $2 \cdot (x - 3)$ für $x = -1$ c) $2 \cdot x + 3 \cdot x \cdot y$ für $x = 4$ und $y = 2$	☺ 😐 ☹ → S. 150

Schritt-für-Schritt-Erklärung

Fachbegriffe

Was ist eine Variable?

Bisher hast du Terme mit Zahlen umgeformt und deren Wert berechnet.
Aber je weiter du dich mit Mathematik beschäftigst, desto mehr musst du mit Platzhaltern rechnen.
Platzhalter für Zahlen kennst du schon aus verschiedenen Situationen.

Beispiele:

3 + ☐ = 10	Hier steht ☐ für eine Zahl, die du durch Umkehrrechnen oder Probieren bestimmen kannst.
Kommutativgesetz der Addition: $a + b = b + a$	Hier stehen die Buchstaben a und b für zwei beliebige Zahlen.
Flächeninhalt Quadrat: $A = a^2$	Hier steht der Platzhalter a für die Seitenlänge des Quadrats.

Eine **Variable** ist ein anderer Begriff für eine **veränderliche Größe** in einem Term, also für einen **Platzhalter** oder eine **Leerstelle**.
Variablen sind Buchstaben oder andere Symbole, die **stellvertretend für Zahlen** stehen.
Ein Term kann aus Zahlen und Variablen bestehen.
Kommt in einem Term nur eine Variable vor, benutzt man in der Mathematik meist den **Buchstaben x**, da x für eine **x-beliebige Zahl** steht.
Ein Term kann aber auch mehrere Variablen enthalten.
Setzt man für die **Variable Zahlen** ein, kann man den **Wert des Terms mithilfe der Vorrangregeln berechnen.**

lat. variabilis = veränderlich Deshalb nennt man eine Variable auch „Veränderliche".

Beispiele für Terme mit Variablen:

$3 \cdot x$
2 + ☐ = 8
$5 \cdot x - 2$
$x \cdot (4 + x)$
Formel für den Flächeninhalt eines Rechtecks: $A = a \cdot b$

Schritt-für-Schritt-Erklärung

So gehst du vor

So kannst du den Wert eines Terms mit Variablen berechnen:

Setze statt der Variablen eine Zahl ein und berechne den Wert des Terms mithilfe der **Vorrangregeln**.
Dabei gilt: Kommt in einem Term dieselbe Variable mehrfach vor, so musst du für diese Variable immer die gleiche Zahl einsetzen.

Beachte: Musst du eine **negative Zahl** einsetzen, musst du meist eine Klammer um die Zahl schreiben, weil nicht zwei Rechenzeichen direkt nacheinander stehen dürfen.

Beispiele:

a) Berechne den Wert des Terms $2 \cdot x - 1 + x^2$ für $x = 3$.

1. Setze überall dort, wo x steht, 3 ein.
2. Berechne den Wert des Terms mithilfe der Vorrangregeln.

$2 \cdot 3 - 1 + 3^2$ | Punkt vor Strich
$= 6 - 1 + 9$
$= 5 + 9$
$= 14$

b) Berechne den Wert des Terms $8 \cdot x - (x + y)$ für $x = \frac{1}{2}$ und $y = -4$.

1. Setze überall für x $\frac{1}{2}$ und für y −4 ein.
2. Berechne den Wert des Terms mithilfe der Vorrangregeln.

$8 \cdot \frac{1}{2} - \left(\frac{1}{2} + (-4)\right)$ | Klammer
$= 8 \cdot \frac{1}{2} - \left(-3\frac{1}{2}\right)$ | Punkt vor Strich
$= 4 - (-3{,}5)$
$= 7{,}5$

Übungsaufgaben

Aufgabe 1 ●○○

Berechne den Wert der Terme für $x = 3$.

a) $x + 5$ b) $4 \cdot x$ c) $x^2 - 3 \cdot x$
d) $x^2 + x$ e) $x + 6 : x$ f) $5 \cdot x : x - 2$

Aufgabe 2 ●○○

Berechne den Wert der Terme für $x = -2$.

a) $x + 6$ b) $3 \cdot x$ c) $2 \cdot x + 4$
d) $x - 10$ e) $x^2 - 1$ f) $2 \cdot (x + 1)$

Aufgabe 3 ●○○

a) Berechne den Wert des Terms.
Fülle die Tabelle aus.

x	y	$3 \cdot x - x \cdot y$
0	1	
1	0	
1	2	
−1	1	
2	$\frac{1}{2}$	
−0,5	1,2	

b) Berechne den Wert des Terms.
Fülle die Tabelle aus.

a	b	$a \cdot (4 - b)$
0	1	
1	0	
1	2	
−1	1	
2	$\frac{1}{2}$	
−0,5	1,2	

Aufgabe 4 ●●○

a) Berechne den Wert des Terms.
Fülle die Tabelle aus.

x	y	$2 \cdot x^2 - 4 \cdot y$
0	1	
1	0	
1	2	
−1	1	
2	$\frac{1}{2}$	
−0,5	1,2	

b) Berechne den Wert des Terms.
Fülle die Tabelle aus.

x	y	$(8 - x) \cdot 3y - 5$
0	1	
1	0	
1	2	
−1	1	
2	$\frac{1}{2}$	
−0,5	1,2	

Gleiches zusammenfassen – Addition und Subtraktion gleichartiger Terme

Kompetenzcheck

Ich kann …	Aufgabe	Ergebnis
… Terme durch Zusammenfassen und Vertauschen der Rechenschritte vereinfachen.	**Aufgabe 1** Vereinfache. a) $7 + a + 13 + a$ = ____________ b) $6x + 16x - y + y$ = ____________ c) $2xy + 4x - x + 3xy$ = ____________	☺ 😐 ☹ → S. 150

Schritt-für-Schritt-Erklärung

Vereinfachte Schreibweisen von Termen

Terme werden häufig verkürzt geschrieben. Dabei musst du dir zwei Fälle gut einprägen:

- Malpunkte können weggelassen werden, d.h. $4 \cdot x = 4x$.
- Statt $1x$ schreibt man einfach nur x, also $x = 1x$.

Fachbegriffe

Was sind gleichartige Terme?

Bei dem Term $4x$ heißt 4 die Zahl vor der Variablen und x heißt **Vorfaktor**, **Zahlfaktor** oder **Koeffizient**.

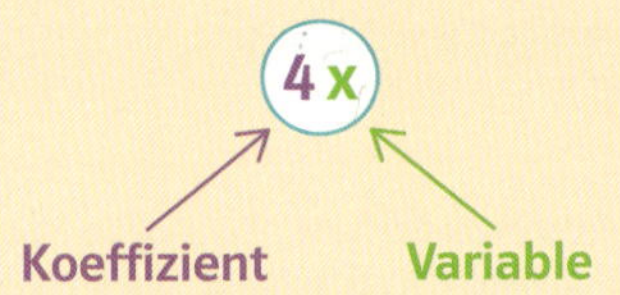

Zwei Terme sind **gleichartig**, wenn sie aus **genau den gleichen Variablen** oder Klammerausdrücken bestehen. Dabei spielen die Vorfaktoren oder Vorzeichen keine Rolle.

Beispiele:
$5x^2$ und $8x^2$, $2a$ und a, $3xy$ und $10xy$ sind gleichartige Terme.
$3x$ und $3y$, $5x^2y$ und $3xy^2$ sind nicht gleichartig.

x ist das Gleiche wie 1 x.

Gleichartige Terme kannst du **zusammenfassen**, d.h. **addieren oder subtrahieren**.

Beispiele:

a) $7x - 3x = 4x$

b) $-2x + 4x = 2x$

c) $3xy + 10xy = 13xy$

d) $\frac{1}{2}ab + \frac{3}{4}ab = \frac{5}{4}ab$

e) $5xy - 2y$ kann nicht (weiter) zusammengefasst werden.

Schritt-für-Schritt-Erklärung

So gehst du vor

So kannst du Terme mit Variablen vereinfachen – Zusammenfassen gleichartiger Terme:

- Gleichartige Terme dürfen zusammengefasst werden, indem man die Vorfaktoren (Koeffizienten) addiert bzw. subtrahiert.

  Beispiel:

  $5x + 2 - 3x$ (vertauschen)
  $= 5x - 3x + 2$ (zusammenfassen)
  $= 2x + 2$

- Es gilt das Vertauschungsgesetz (Kommutativgesetz) der Addition, d.h. aufeinander folgende Additionsschritte und Subtraktionsschritte dürfen vertauscht werden.

  Beispiel:

  $3ab + a - ab + 2a$ (vertauschen)
  $= 3ab - ab + a + 2a$ (zusammenfassen)
  $= 2ab + 3a$

Achte darauf, dass du das Rechenzeichen mitnimmst.

Übungsaufgaben

Aufgabe 5 ●○○
Welche Terme sind gleichartig? Kreuze an.

	Term 1	Term 2
☐	$11x$	$7x$
☐	$9x^2$	$3x$
☐	$15ab$	$\frac{3}{4}ab$
☐	$-2t^2$	t^2
☐	xy	yx
☐	$3x^2$	$3x^3$

Aufgabe 6 ●○○
Vereinfache die Terme.

a) $x + x + x + x$
b) $a + a + a + a + a + a + a$
c) $m + m - m + m - m$

Aufgabe 7 ●○○
Fasse zusammen.

a) $8x + 12x$
b) $9y + y$
c) $18z - 13z$
d) $9a + 2a - 5a$
e) $3x^2 + 7x^2 - 4x^2$
f) $13b + 7b - 20b$

Aufgabe 8 ●●○
Fasse zusammen.

a) $0{,}4x + 1{,}6x$
b) $2{,}3y + y$
c) $5{,}2z - 1{,}7z$
d) $\frac{3}{4}a + a - \frac{1}{2}a$
e) $\frac{3}{4}x^2 - \frac{1}{8}x^2 - \frac{1}{2}x^2$
f) $3{,}5b - 1{,}7b + 2{,}5b$

Aufgabe 9 ●○○
Vereinfache soweit wie möglich.

a) $4a + 5b + 6a$
b) $2x + 5y + 7y + x$
c) $5m + 5m + n$
d) $3x + 8y - 3x + y$
e) $6a + 7b - 5a - 6b$
f) $9x + y + 4y$
g) $2xy + 3 + 3xy - 2$
h) $7x^2 - 3x + 5x^2 + 6x$
i) $10uv - 2v + 4v - 8uv$

Übungsaufgaben

Aufgabe 10 ●○○

Vereinfache soweit wie möglich.

a) $1{,}2 + x - 0{,}8 + x$

b) $2{,}6a + 1{,}6a - b + 1{,}5b$

c) $4{,}3x + 2{,}7y - 1{,}3x - 0{,}5y$

d) $5{,}2x^2 - 3{,}7 + 8{,}7 - 4{,}2x^2$

e) $1{,}6x + 9{,}7y + z - 5{,}3y + 9{,}8z$

f) $4{,}5x + 2{,}4 + 3{,}1y - 4{,}5x + 1{,}9y$

Aufgabe 11 ●○○

Zerlege den Term auf zwei Arten in eine Summe aus zwei Summanden.

a) $5x$

b) $8xy$

c) $12x^2$

Terme multiplizieren

Kompetenzcheck

Ich kann …	Aufgabe	Ergebnis
… einen Term mit einer Zahl multiplizieren.	**Aufgabe 1** Vereinfache. a) $3 \cdot 4x =$ ________ b) $5 \cdot (-6x^2) =$ ________ c) $3xy \cdot \left(-\frac{2}{3}\right) =$ ________	→ S. 150
… Variablen multiplizieren.	**Aufgabe 2** Vereinfache. a) $x \cdot 3x =$ ________ b) $-y \cdot 2xy =$ ________ c) $a^2 \cdot 4a^3 =$ ________	→ S. 150
… Terme miteinander multiplizieren.	**Aufgabe 3** Vereinfache. a) $5x \cdot 2y =$ ________ b) $-2x \cdot 3xy =$ ________ c) $0{,}2a \cdot (-10)a^2 =$ ________	→ S. 150

Schritt-für-Schritt-Erklärung

Wissen

Welche Rechengesetze müssen beim Multiplizieren von Termen beachtet werden?

Eigentlich kann man alle Terme miteinander multiplizieren oder durch einander dividieren. Damit das Produkt aber nicht zu kompliziert wird, muss der **Term am Ende vereinfacht** werden. Dafür stehen dir die **Rechengesetze** zur Verfügung, die du schon vom Berechnen von Zahltermen her kennst.

Kommen in einem Term nur Punktrechnungen vor, dann darfst du …
- nur **Gleiches mit Gleichem multiplizieren**, also z.B. nur Zahl mit Zahl oder nur Variable mit Variable.
- die einzelnen Faktoren beliebig **vertauschen** (Kommutativgesetz).
- die einzelnen Faktoren beliebig **zusammenfassen** (Assoziativgesetz).

So gehst du vor

So kannst du Terme mit einer Zahl multiplizieren:

Besteht ein Term nur aus einem Koeffizienten und einer Variablen, dann multipliziert man den Term mit einer Zahl, indem man nur die **Zahl und den Koeffizienten multipliziert**. Die Variable bleibt stehen.
Es kann sein, dass du zuvor die einzelnen Faktoren vertauschen musst (Kommutativgesetz).

Beispiele:

$7 \cdot 5x$ ← zusammenfassen
$= 35x$

$4x \cdot (-15)$ ← vertauschen
$= -15 \cdot 4x$ ← zusammenfassen
$= -60x$

Schritt-für-Schritt-Erklärung

So gehst du vor

So kannst du Variablen miteinander multiplizieren:

1. Die Variablen sind verschieden
Werden zwei verschiedene Variablen miteinander multipliziert, erhält man keinen Zahlenwert als Ergebnis, denn **zwei verschiedene Variablen können nicht miteinander multipliziert werden**. Man schreibt diese Variablen einfach als Produkt **ohne Malpunkt nebeneinander**, meist in alphabetischer Reihenfolge. Zahlen werden als Koeffizienten **vor** das Produkt geschrieben.

Beispiele:

$y \cdot 2x$
$= 2xy$

$-3a \cdot (-2)b$ (vertauschen)
$= (-3) \cdot (-2)ab$ (zusammenfassen)
$= 6ab$

2. Die Variablen sind gleich
Werden gleiche Variablen miteinander multipliziert, kann man das Produkt als **Potenz** schreiben.

Beispiele:

$x \cdot x$
$= x^2$

$x^2 \cdot x^3$
$= x \cdot x \cdot x \cdot x \cdot x$
$= x^5$

$ab \cdot 3a^2b$
$= 3 \cdot a \cdot a^2 \cdot b \cdot b$
$= 3\,a^3b^2$

So gehst du vor

So kannst du Terme miteinander multiplizieren:

Beispiel:
$2x^2 \cdot 5xy$

1. Sortiere die einzelnen Faktoren so, dass du zuerst die Zahlen miteinander multiplizieren kannst.
   $= 2 \cdot 5 \cdot x^2 \cdot x \cdot y$
   $= 10 \cdot x^2 \cdot x \cdot y$
2. Multipliziere die Variablen.
   $= 10 \cdot x^3 \cdot y$
3. Entferne überflüssige Malzeichen und sortiere die Variablen alphabetisch.
   $= 10x^3y$

Übungsaufgaben

Aufgabe 12 ●○○
Vereinfache.

a) $5 \cdot 2x$
b) $3x \cdot 4$
c) $12a \cdot 4$
d) $7 \cdot 8s$
e) $5x \cdot 9 \cdot 6$
f) $3 \cdot 2x \cdot 15$

Aufgabe 13 ●●○
Vereinfache.

a) $\frac{1}{4} \cdot 8x$
b) $\frac{1}{2}x \cdot \frac{4}{3}$
c) $2 \cdot 4\frac{1}{2}a \cdot 5$
d) $0{,}2 \cdot 10a$
e) $0{,}3x \cdot 1{,}2$
f) $0{,}5 \cdot 4x \cdot 0{,}5$

Aufgabe 14 ●●○
Vereinfache.

a) $-4 \cdot 5x^2$
b) $-3 \cdot 5xy \cdot (-2)$
c) $5a \cdot (-12)$
d) $-24x \cdot \frac{1}{4}$
e) $\frac{1}{2} \cdot (-4a) \cdot (-0{,}2)$
f) $-0{,}25 \cdot s \cdot (-12)$

Aufgabe 15 ●○○
Vereinfache.

a) $x \cdot x \cdot x \cdot x$
b) $y \cdot 4y$
c) $a \cdot 2a^3$
d) $x^2 \cdot x^3$
e) $2xy \cdot x^2y$
f) $4a^3 \cdot ab^2$

Aufgabe 16 ●○○
Vereinfache.

a) $5x \cdot xy$
b) $15a \cdot 4a^2$
c) $25s \cdot 4st \cdot 5$
d) $3x^3 \cdot 4x^3 \cdot 5y$
e) $5ab \cdot 4ab$
f) $2x^3y \cdot 3x^2y^2 \cdot 4xy^3$

Aufgabe 17 ●●○
Vereinfache.

a) $2{,}5x \cdot (-2)xy \cdot \frac{1}{5}y^2$
b) $8ab \cdot \frac{1}{2}ab \cdot 5ab$
c) $6s \cdot 4st \cdot 5t^2$
d) $2x \cdot (-3)y \cdot \frac{1}{3}z$
e) $4x^3y \cdot (-2)xy^2 \cdot \frac{1}{8}xy^2$
f) $0{,}8a \cdot 3ab \cdot 0{,}5b$

Ausmultiplizieren – Terme mit Klammern vereinfachen

Kompetenzcheck

Ich kann …	Aufgabe	Ergebnis
… Klammern durch Ausmultiplizieren auflösen.	**Aufgabe 1** Vereinfache, indem du die Klammer auflöst. a) $3 \cdot (x - 5) =$ ____ b) $(2x - 2) \cdot 5 =$ ____ c) $4x(2x - y) =$ ____ d) $(6x - 3y) : 3 =$ ____	→ S. 151
… Minusklammern auflösen.	**Aufgabe 2** Vereinfache, indem du die Klammer auflöst. a) $-(x - 2) =$ ____ b) $-(-2x - 3y) =$ ____ c) $-3(-2x + 9) =$ ____	→ S. 151

Schritt-für-Schritt-Erklärung

Was bedeutet Ausmultiplizieren?

Die Vorrangregeln für Terme sagen, dass man das, was in Klammern steht, zuerst berechnen muss. Das geht aber nicht, wenn in der Klammer Variablen stehen. Deshalb kann man einen Term mit einer Klammer, die mit einer Zahl oder Variablen multipliziert wird, nur vereinfachen, wenn man die **Klammer ausmultipliziert**. Dazu benutzt man das **Verteilungsgesetz** (**Distributivgesetz**), das du schon vom Berechnen von Zahltermen kennst.

So gehst du vor

So kannst du eine Klammer ausmultiplizieren:

anschaulich

Die Klammer stellt einen Korb dar.
In dem Korb befinden sich verschiedene Dinge, z. B. 2 Äpfel und 3 Birnen.

kurz 

Diesen Korb gibt es nun dreimal.

$3 \cdot 2a$ $3 \cdot 3b$

Also gibt es insgesamt
3 · 2 Äpfel = 6 Äpfel und
3 · 3 Birnen = 9 Birnen.

mathematisch

$(2a + 3b)$

$3 \cdot (2a + 3b)$

Multipliziere jeden Teil in der Klammer mit der Zahl.
Als Rechenzeichen übernimmst du das Rechenzeichen in der Klammer.

$= 3 \cdot 2a + 3 \cdot 3b$
$= 6a + 9b$

Dies geht auch, wenn in der Klammer mehr als 2 Teile stehen oder mit einer Variablen multipliziert wird oder die Variable / die Zahl hinter der Klammer steht!

Beispiele:

$3 \cdot (4 + 2x - 5y)$
$= 3 \cdot 4 + 3 \cdot 2x - 3 \cdot 5y$
$= 12 + 6x - 15y$

$(-2a + 5b) \cdot \frac{1}{2}$
$= \frac{1}{2} \cdot (-2a) + \frac{1}{2} \cdot 5b$
$= -1a + 2{,}5b$
$= -a + 2{,}5b$

$(8x^2 - 4y) : 2$
$= 8x^2 : 2 - 4y : 2$
$= 8 : 2x^2 - 4 : 2y$
$= 4x^2 - 2y$

Schritt-für-Schritt-Erklärung

Fachbegriffe

Was ist eine Minusklammer?

Steht vor einer Klammer nur ein Minuszeichen, so nennt man dies eine **Minusklammer**. Dies ist eine Kurzschreibweise für die **Multiplikation** der Klammer **mit (– 1)**.

Es gilt: $-(a+b) = -1(a+b)$

So gehst du vor

So kannst du eine Klammer auflösen, vor der ein Minuszeichen steht:

Du löst eine Klammer, vor der ein Minuszeichen steht, auf, indem du **alle** Vorzeichen bzw. Rechenzeichen in der Klammer umdrehst, d.h. aus ⊕ wird ⊖ und aus ⊖ wird ⊕, und die Klammer weglässt.

Beispiele:

$-(5x-7)$
$= -5x+7$

$-(-7a+2b)$
$= +7a-2b$
$= 7a-2b$

$-(2x-y-3)$
$= -2x+y+3$

Übungsaufgaben

Aufgabe 18 ●○○
Löse die Klammern durch Ausmultiplizieren auf.

a) $2(x+4)$ b) $7(a+2)$ c) $(2x+1)\cdot 3$
d) $5(3x-1)$ e) $(a+2b)\cdot 4$ f) $6(2x-2y)$

Aufgabe 19 ●○○
Löse die Klammern durch Ausmultiplizieren auf.

a) $x(x+4)$ b) $a(a-1)$ c) $(1-2u)\cdot u$
d) $2x(5-x)$ e) $(2a-b)\cdot a$ f) $3s(2s-t)$

Aufgabe 20 ●●○
Löse die Klammern durch Ausmultiplizieren auf.

a) $2{,}5(8x-4y)$ b) $\frac{1}{4}x(2x-6)$ c) $-2a\left(\frac{1}{4}a-b\right)$
d) $(12x-8y):4$ e) $(1{,}2a^2-3a)\cdot 0{,}5$ f) $\left(\frac{3}{4}x-\frac{6}{5}\right):3$

Übungsaufgaben

Aufgabe 21 ●○○
Löse die Minusklammern auf.

a) $-(x - 2)$
b) $-(-2a - 1)$
c) $-(1 - 2s)$
d) $-(-5 - x)$
e) $-(2a - b + 3c)$
f) $-(-r + 2s - t)$

Aufgabe 22 ●○○
Löse die Minusklammern auf und fasse dann zusammen.

a) $-(x - 5) + 7x$
b) $-(-2a - 1) - (a - 2)$
c) $-(1 - 2s) - (s - 3)$
d) $-(-2 - x) - (1 - 3x)$
e) $-(-2a - b + 3c) - (b + 3c)$
f) $-(-r + 2s - t) - (t - 3s)$

Aufgabe 23 ●●○
Löse zuerst die Klammern durch Ausmultiplizieren auf und fasse dann zusammen.

a) $6(x + 1) + 2(x - 3)$
b) $3(2x + 4) + 4(x - 2)$
c) $7(2x - 1) + 2(2x + 2)$
d) $6(x + y + 1) + 2(x - y - 2)$
e) $3(a + 2b - 3) + 2(b - a)$
f) $2x(x + 3y - 4) + 5(x^2 - xy + 2x)$

Aufgabe 24 ●●○
Löse zuerst die Klammern durch Ausmultiplizieren auf und fasse dann zusammen.

a) $3(x + 3) - 2(x + 1)$
b) $4(x - y) - 3(x - 2y)$
c) $2(a + 1) - (a - 2)$
d) $-4(-2x - y) - 2(x - y)$
e) $5(a + 3b) - (2a + b)$
f) $-5(-a + b) - 3(a - 2b)$

Aufgabe 25 ●●○
Ergänze die fehlenden Zahlen.

a) $3(x + 1) = 3x +$ ▢
b) $5($ ▢ $- 2) = 15a - 10$
c) ▢ $(2x - 3y) = 8x - 12y$
d) ▢ $(4 -$ ▢ $) = 12 - 9x$
e) $5($ ▢ $+$ ▢ $) = 10x + 30$
f) ▢ $($ ▢ $- 7) = 8x + 28$

Aufgabe 26 ●●○
Ergänze die fehlenden Zahlen.

a) $3(x - 2) +$ ▢ $(x + 1) = 5x -$ ▢
b) $5(x + 3) -$ ▢ $(x +$ ▢ $) = 2x + 9$
c) ▢ $(2x - 1) + ($ ▢ $+$ ▢ $) = 7x + 10$

Ausklammern – Aus einer Summe ein Produkt machen (Faktorisieren)

Kompetenzcheck

Ich kann ...	Aufgabe	Ergebnis
... eine Summe (Differenz) durch Ausklammern in ein Produkt umformen.	**Aufgabe 1** Klammere so weit wie möglich aus. a) $10a - 5 =$ ____________ b) $-3xy + 6y =$ ____________ c) $2x^2 - x^2y =$ ____________ d) $4a + 2b + c =$ ____________	☺ ☹ → S. 151

Schritt-für-Schritt-Erklärung

Fachbegriffe

Ausklammern ist die Umkehrung von Ausmultiplizieren bzw. Klammern auflösen. Dieses Verfahren wirst du immer wieder anwenden müssen, besonders beim Lösen von Gleichungen.
Ziel beim Ausklammern ist es, **aus einer Summe oder Differenz** ein **Produkt** mit einer Klammer zu erzeugen. Dies geht immer dann, wenn in jedem Teil einer Summe der gleiche Faktor verkommt. Deshalb heißt dieses Verfahren auch **Faktorisieren**.

So gehst du vor

So kannst du durch Ausklammern aus einer Summe / Differenz ein Produkt machen:

1. Suche eine Zahl und/oder Variable, die in **jedem** Teil der Summe/Differenz vorkommt.
   Tipp: Suche bei Zahlen den größten gemeinsamen **Teiler** und schreibe die einzelnen Teile als Produkt.
   Du kannst auch mehrere Zahlen oder Variablen gleichzeitig ausklammern.

   Beispiel:
   $15x + 6$
   Beide Summanden haben 3 als Teiler.

   $15 = 3 \cdot 5$ und $6 = 3 \cdot 2$
   $= 3 \cdot 5x + 3 \cdot 2$
   $= 3 \cdot (5x + 2)$

2. Schreibe den gemeinsamen Faktor (die gemeinsame Zahl) vor eine Klammer. Schreibe in die Klammer den Term, der übrig bleibt.

   Beispiel:
   $4xy - 2y$
   Beide Summanden haben 2y als Teiler.

   $4 \cdot xy = 2y \cdot 2x$ und $2y = 2y \cdot 1$
   $= 2y \cdot 2x - 2y \cdot 1$
   $= 2y(2x - 1)$

   Beachte:
   Wird ein Teil komplett ausgeklammert, dann bleibt 1 übrig!

Übungsaufgaben

Aufgabe 27 ●○○
Klammere aus und ergänze die Lücken.

a) $9x + 3 = 3(\square + \square)$
b) $10a + 15 = 5(\square + \square)$
c) $12x - 15 = 3(\square + \square)$
d) $18 - 9x = 9(\square + \square)$
e) $8s - 16t = 8(\square + \square)$
f) $-a - 6 = -(\square + \square)$

Aufgabe 28 ●○○
Klammere aus und ergänze die Lücken.

a) $3x^2 + 2x = x(\square + \square)$
b) $5a^2 - 10ab = 5a(\square - \square)$
c) $6ab + 12b^2 = 6b(\square + \square)$
d) $20x^3 + 50x^2 = 10x^2(\square + \square)$
e) $18x^2 + 12x = 6x(\square + \square)$
f) $xy - 2xy^2 = xy(\square - \square)$

Aufgabe 29 ●○○
Klammere so weit wie möglich aus.

a) $3x + 12$
b) $15s - 25$
c) $7a + 7b$
d) $21a - 7$
e) $6x - 9y$
f) $2 + 6s$

Aufgabe 30 ●○○
Klammere so weit wie möglich aus.

a) $5x^2 + 8x$
b) $2a^2 - a$
c) $8xy + 10y$
d) $20a + 12ab$
e) $9xyz - 15xy^2$
f) $12a^3 - 18a^2$

Aufgabe 31 ●○○
Klammere so weit wie möglich aus.

a) $4a + 8b - 12c$
b) $3x^2 - 3xy - 6x$
c) $20x^2y + 15xy^2 - 5xy$
d) $81a^3b - 18a^2b + 9ab$
e) $20x^2y^2 - 5xy - 10xy^2$
f) $24a^2b^2 + 18a^3b - 30a^4b^3$

Übungsaufgaben

Aufgabe 32 ●●○

Klammere so weit wie möglich aus.

a) $-\frac{1}{2}x + \frac{1}{4}$

b) $\frac{1}{2}a - ab$

c) $\frac{1}{3}st - \frac{1}{3}t^2$

d) $\frac{1}{5}x^2 + \frac{1}{10}x$

e) $\frac{3}{2}a^3 + \frac{1}{4}a^2 - \frac{3}{4}a$

f) $\frac{1}{6}x^2y - \frac{5}{6}xy + \frac{1}{2}x$

Aufgabe 33 ●○○

Fülle die Lücken aus.

a) $12b - 9ab = \square\,(4 - \square)$

b) $-4x + 12 = -4(\square\;\square\;\square)$

c) $-xy - 8x = \square\,(y\;\square\;\square)$

d) $-10a^2 + 20ab = \square\,(\square\;\square\;2b)$

Zwei Klammern miteinander multiplizieren

Kompetenzcheck

Ich kann …	Aufgabe	Ergebnis
… zwei Klammern miteinander multiplizieren.	**Aufgabe 1** Löse die Klammern auf und fasse gegebenenfalls zusammen. a) $(x + 3)(x + 4)$ = ____________ b) $(2x + 1)(x - 3)$ = ____________ c) $\left(5a - \frac{1}{2}\right)(4 - 2a)$ = ____________	☺ 😐 ☹ → S. 151

Schritt-für-Schritt-Erklärung

So gehst du vor

So kannst du zwei Klammern multiplizieren:

Zwei Klammern zu multiplizieren bedeutet, dass du zwei Summen oder Differenzen miteinander multiplizieren musst.
Dabei wendest du das **Verteilungsgesetz (Distributivgesetz)** zweimal an.

anschaulich
Zwei Jungen treffen zwei Mädchen. Jeder Junge begrüßt jedes Mädchen. Das heißt, der erste Junge begrüßt beide Mädchen und der zweite Junge begrüßt beide Mädchen.

mathematisch
Jeder Teil der ersten Klammer wird mit jedem Teil der zweiten Klammer multipliziert. Die Vorzeichen bzw. Rechenzeichen werden nach den Vorzeichenregeln bestimmt.

$(a + b)\,(c + d)$

$= a\,(c + d) + b\,(c + d)$

$= ac + ad + bc + bd$

Beispiele:

$(1 + x)\,(x - 2)$ | ausmultiplizieren

$= 1 \cdot x + 1 \cdot (-2) + xx + x \cdot (-2)$ | vereinfachen

$= x - 2 + x^2 - 2x$ | sortieren

$= x^2 + \underbrace{x - 2x} - 2$ | zusammenfassen

$= x^2 - \quad x \quad - 2$

Für die Vorzeichen gelten:
⊕ mal ⊕ = ⊕
⊕ mal ⊖ = ⊖
⊖ mal ⊕ = ⊖
⊖ mal ⊖ = ⊕

$(2x + y)\,(-x + 3y - 2)$ | ausmultiplizieren

$= 2x \cdot (-x) + 2x \cdot 3y + 2x \cdot (-2) + y \cdot (-x) + y \cdot 3y + y \cdot (-2)$ | vereinfachen

$= -2x^2 + 6xy - 4x - xy + 3y^2 - 2y$ | sortieren

$= -2x^2 + 6xy - xy - 4x + 3y^2 - 2y$ | zusammenfassen

$= -2x^2 + 5xy - 4x + 3y^2 - 2y$

Übungsaufgaben

Aufgabe 34 ●○○

Löse die Klammern durch Ausmultiplizieren auf und fasse dann gegebenenfalls zusammen.

a) $(x+3)(y-5)$
b) $(s-t)(t-1)$
c) $(x-4)(2x+4)$
d) $(2m+3)(m-4)$
e) $(3a+b)(2a+4b)$
f) $(x-3y)(3y+x)$

Aufgabe 35 ●○○

Löse die Klammern durch Ausmultiplizieren auf und fasse dann gegebenenfalls zusammen.

a) $\left(\frac{1}{2}x+1\right)\left(2x-\frac{1}{4}\right)$
b) $\left(2s-\frac{1}{2}\right)\left(\frac{1}{4}s+3\right)$
c) $\left(5a-\frac{1}{2}\right)\left(\frac{4}{5}-\frac{1}{2}a\right)$
d) $\left(\frac{1}{4}x-4\right)\left(2x-\frac{1}{2}\right)$
e) $\left(\frac{2}{3}x-\frac{3}{2}y\right)\left(\frac{3}{4}x+\frac{1}{2}y\right)$
f) $\left(\frac{3}{8}a+2b\right)\left(4a-\frac{2}{3}b\right)$

Aufgabe 36 ●●○

Fülle die Lücken aus.

a) $(2a-b)(a+b) = \square + ab - \square$

b) $(12-3x)(x+3) = -3x^2 + \square + 36$

c) $(2x-3)(x+\square) = 2x^2+5x-12$

d) $(-3a-\square)(\square+3b) = -6a^2-13ab-6b^2$

Aufgabe 37 ●○○

Löse die Klammern durch Ausmultiplizieren auf und fasse dann gegebenenfalls zusammen.

a) $(x+3)(2x+y-2)$
b) $(a-b)(a+b-5)$
c) $(2x-y)(x+3y-2)$

Binomische Formeln

Kompetenzcheck

Ich kann …	Aufgabe	Ergebnis
… die binomischen Formeln anwenden, um Klammern aufzulösen.	**Aufgabe 1** Löse die Klammern mithilfe der binomischen Formeln auf. a) $(3x + y)^2$ = ______ b) $(2x + 5)(2x - 5)$ = ______ c) $\left(\frac{1}{2}a - 4b\right)^2$ = ______	→ S. 151

Schritt-für-Schritt-Erklärung

Fachbegriffe

Was sind die binomischen Formeln?

Die binomischen Formeln sind eigentlich ein **Spezialfall der Multiplikation zweier Klammern**. Und das Auflösen einer Klammer mithilfe der binomischen Formeln kannst du auch umgehen, wenn du fit im Ausmultiplizieren von Klammern bist.
Warum sollst du also trotzdem die binomischen Formeln üben?

- Die binomischen Formeln **erleichtern das Ausmultiplizieren** von Klammern.
- Bei der **Vereinfachung von vielen Termen** (Bruchterme, Wurzelterme) oder dem Lösen von Gleichungen sind die binomischen Formeln häufig die einzige Lösungsstrategie.

Wichtig für das Anwenden der binomischen Formeln ist, dass du den Aufbau verstehst. Deshalb werden die binomischen Formeln auch in Wortform mit den mathematischen Fachbegriffen beschrieben.

Das doppelte Produkt 2 ab wird auch deshalb in die Mitte geschrieben, damit man es nicht vergisst!

Es gibt drei binomische Formeln:

Formeln	Beschreibung in Wortform
1. binomische Formel $\underbrace{(a+b)^2}_{} = \underbrace{a^2 + 2ab + b^2}_{}$ Produkt ⇄ Summe	Das Quadrat der Summe zweier Zahlen ist das Gleiche wie die Summe der Quadrate der Zahlen plus das doppelte Produkt aus diesen beiden Zahlen.
2. binomische Formel $\underbrace{(a-b)^2}_{} = \underbrace{a^2 - 2ab + b^2}_{}$ Produkt ⇄ Summe / Differenz	Das Quadrat der Differenz zweier Zahlen ist das Gleiche wie die Summe der Quadrate der Zahlen minus das doppelte Produkt aus diesen beiden Zahlen.
3. binomische Formel $\underbrace{(a+b)(a-b)}_{} = \underbrace{a^2 - b^2}_{}$ Produkt ⇄ Differenz	Das Produkt aus der Summe und der Differenz zweier Zahlen ist das Gleiche wie die Differenz der Quadrate der beiden Zahlen.

Beachte:
Zwischen den Termen einer binomischen Formel steht das Gleichheitszeichen ⊜.
Wenn du eine **Klammer auflösen** musst, musst du die binomischen Formeln **von links nach rechts** (→) anwenden. Wenn du **eine Summe / Differenz in ein Produkt umwandel**n willst (diesen Vorgang nennt man **faktorisieren**), musst du die binomischen Formeln **von rechts nach links** (←) anwenden.

Schritt-für-Schritt-Erklärung

Fachbegriffe

So kannst du Klammern mithilfe der binomischen Formeln ausmultiplizieren (→):

Ein **Tipp** vorweg: Präge dir die 4 Schritte der binomischen Formel ein, das ist oft leichter, als wenn du die Teile in der Klammer mit den Variablen bezeichnest.

1. binomische Formel:

Beispiel: $(4x + 5)^2$

① Bilde das Quadrat des 1. Summanden. Achte darauf, dass du **jeden Teil** des 1. Summanden quadrierst! — $(4x)^2 = 16x^2$

② Bilde das Quadrat des 2. Summanden. Achte darauf, dass du **jeden Teil** des 2. Summanden quadrierst! — $5^2 = 25$

③ Bilde das Produkt der beiden Summanden und multipliziere es mit 2. — $4x \cdot 5 \cdot 2 = 40x$

④ Addiere die drei berechneten Terme. — $(4x + 5)^2 = 16x^2 + 25 + 40x = 16x^2 + 40x + 25$

2. binomische Formel:

Beispiel: $\left(\frac{1}{2}x - 3\right)^2$

① Bilde das Quadrat des 1. Summanden. Achte darauf, dass du **jeden Teil** des 1. Summanden quadrierst! — $\left(\frac{1}{2}x\right)^2 = \frac{1}{4}x^2$

② Bilde das Quadrat des 2. Summanden. Achte darauf, dass du **jeden Teil** des 2. Summanden quadrierst! — $3^2 = 9$

③ Bilde das Produkt der beiden Summanden und multipliziere es mit 2. — $\frac{1}{2}x \cdot (-3) \cdot 2 = -3x$

④ Füge die drei berechneten Terme zusammen. Achte darauf, dass das Produkt ein negatives Rechenzeichen hat! — $\left(\frac{1}{2}x - 3\right)^2 = \frac{1}{4}x^2 + 9 + -3x = \frac{1}{4}x^2 - 3x + 9$

3. binomische Formel:

Beispiel: $(2x + 3)\,(2x - 3)$

① Bilde das Quadrat des 1. Summanden. Achte darauf, dass du **jeden Teil** des 1. Summanden quadrierst! — $(2x)^2 = 4x^2$

② Bilde das Quadrat des 2. Summanden. Achte darauf, dass du **jeden Teil** des 2. Summanden quadrierst! — $3^2 = 9$

③ Subtrahiere das 2. Quadrat vom 1. Quadrat. — $(2x + 3)\,(2x - 3) = 4x^2 - 9$

Übungsaufgaben

Aufgabe 38 ●○○

Wende die 1. binomische Formel an.

a) $(x + y)^2$

b) $(x + 1)^2$

c) $(2a + 1)^2$

d) $(3x + 2)^2$

e) $(4 + s)^2$

f) $\left(\frac{1}{2}x + 2y\right)^2$

Aufgabe 39 ●○○

Wende die 2. binomische Formel an.

a) $(x - y)^2$

b) $(x - 2)^2$

c) $(3a - 2)^2$

d) $(4x - 3)^2$

e) $(5 - s)^2$

f) $\left(\frac{1}{4}x - 2y\right)^2$

Aufgabe 40 ●○○

Wende die 3. binomische Formel an.

a) $(x + y)(x - y)$

b) $(x + 2)(x - 2)$

c) $(3a + 2)(3a - 2)$

d) $(4x + 3)(4x - 3)$

e) $(5 + s)(5 - s)$

f) $\left(\frac{1}{4}x + 2y\right)\left(\frac{1}{4}x - 2y\right)$

Aufgabe 41 ●○○

Multipliziere mithilfe der binomischen Formeln aus.

a) $(3x + 2)^2$

b) $(2a - 4)^2$

c) $(5s + 3)^2$

d) $(2a + 3)(2a - 3)$

e) $\left(\frac{1}{3}x - 2y\right)^2$

f) $(0{,}5a - 6b)^2$

g) $(3x + 2y)(3x - 2y)$

h) $\left(\frac{1}{2}a + \frac{1}{3}b\right)^2$

i) $\left(\frac{1}{2}s + \frac{1}{3}t\right)\left(\frac{1}{2}s - \frac{1}{3}t\right)$

Aufgabe 42 ●○○

Ergänze die fehlenden Zahlen und das passende Rechenzeichen.

a) $(a \;\square\; \square)^2 = a^2 + 12a + 36$

b) $(x \;\square\; \square)^2 = x^2 - 10x + 25$

c) $(s \;\square\; \square)^2 = s^2 + 8s + 16$

d) $(x \;\square\; \square)^2 = x^2 - x + \frac{1}{4}$

e) $(2a \;\square\; \square)^2 = 4a^2 - 12ab + 9b^2$

f) $(3x \;\square\; \square)^2 = 9x^2 - 24xy + 16y^2$

Übungsaufgaben

Aufgabe 43 ●●○

Ergänze die fehlende Zahl, so dass du die rechte Seite einer binomischen Formel erhältst.

a) $x^2 + 6x +$ ▢

b) $a^2 - 12a +$ ▢

c) $u^2 + 14u +$ ▢

d) $a^2 - 22ab +$ ▢

e) $x^2 + 20xy +$ ▢

f) $s^2 - 9st +$ ▢

g) $4a^2 + 24a +$ ▢

h) $\frac{1}{4}x^2 - 4xy +$ ▢

i) $4s^2 - 2st +$ ▢

Aufgabe 44 ●○○

Welche Terme kann man mit den binomischen Formeln ausmultiplizieren? Kreuze an und notiere, welche binomische Formel angewendet werden kann.

	Term	binomische Formel
☐	$(3x + 2y)(3x - 2)$	
☐	$(3x + 2y)(3x - 2y)$	
☐	$(3x + 2y)(2x - 3)$	
☐	$(3x + 2y)(3x + 2y)$	
☐	$(3y + 2x)(3x + 3y)$	
☐	$(3x + 2y)(2y + 3x)$	
☐	$(3x + 2y)(2y - 3x)$	

Aufgabe 45 ●●○

Vereinfache die Terme.

a) $(x + 4)^2 - x^2$

b) $(a - 3)^2 - a(a + 5)$

c) $(x + 5)^2 - (x - 4)^2$

d) $(2a + b)^2 - (a + b)(a - b)$

Schritt-für-Schritt-Erklärung

Tipp

Kopfrechnen mit binomischen Formeln

Die binomischen Formeln kannst du in vielen Bereichen anwenden, z. B. beim Lösen von Gleichungen oder bei quadratischen Funktionen. Sie sind vor allem aber auch sehr hilfreich beim Kopfrechnen.

So gehst du vor

So kannst du Quadratzahlen mithilfe der binomischen Formeln geschickt berechnen:

1. Schreibe die Zahl, die quadriert werden soll, als Summe oder Differenz einer Zehnerzahl und einer Einerzahl.
   Beachte: Nimm die Zehnerzahl, die da steht, wenn die Einerzahl kleiner oder gleich 5 ist, ansonsten kannst du die Differenz von der nächstgrößeren Zehnerzahl zur Zahl bilden.
2. Wende die 1. oder 2. binomische Formel an.

Tipp: Beim Kopfrechnen ist es geschickter, wenn du erst die Quadrate addierst und danach den gemischten Term addierst oder subtrahierst.

Beispiele:

a) 43^2
$= (40 + 3)^2$
$= 40^2 + 3^2 + 2 \cdot 40 \cdot 3$
$= 1600 + 9 + 240$
$= 1849$

b) 19^2
$= (20 - 1)^2$
$= 20^2 + 1^2 - 2 \cdot 20 \cdot 1$
$= 400 + 1 - 40$
$= 361$

So gehst du vor

So kannst du Produkte mithilfe der 3. binomischen Formel geschickt berechnen:

Du kannst dann zwei Zahlen mithilfe der 3. binomischen Formel multiplizieren, wenn sie **gleich weit von einer Zehnerzahl** entfernt sind.

1. Schreibe jede Zahl als Summe bzw. Differenz einer Zehnerzahl und einer Einerzahl.
2. Schreibe die Aufgabe als Produkt einer Summe mit einer Differenz auf und wende die 3. binomische Formel an.

Beispiele:

a) $23 \cdot 17$
$= (20 + 3)(20 - 3)$
$= 200^2 - 3^2$
$= 400 - 9$
$= 391$

b) $25 \cdot 35$
$= (30 - 5)(30 + 5)$
$= 30^2 - 5^2$
$= 900 - 25$
$= 875$

Übungsaufgaben

Aufgabe 46 ●○○
Welche Aufgaben kannst du geschickt mit den binomischen Formeln lösen?
Kreuze an und berechne.

☐	24^2	
☐	$19 \cdot 21$	
☐	28^2	
☐	$33 \cdot 28$	
☐	$24 \cdot 16$	
☐	$28 \cdot 38$	

Aufgabe 47 ●○○
Berechne ohne Taschenrechner mithilfe der binomischen Formeln.

a) 21^2
b) 27^2
c) 16^2
d) 33^2
e) 35^2
f) 49^2

Aufgabe 48 ●○○
Berechne ohne Taschenrechner mithilfe der binomischen Formeln.

a) $18 \cdot 22$
b) $13 \cdot 27$
c) $24 \cdot 36$
d) $15 \cdot 25$
e) $29 \cdot 31$
f) $37 \cdot 43$

Aus einer Summe ein Produkt machen – die binomischen Formeln rückwärts anwenden

Kompetenzcheck

Ich kann …	Aufgabe	Ergebnis
… eine Summe oder Differenz mithilfe der binomischen Formeln in ein Produkt umwandeln.	**Aufgabe 1** Fülle die Lücken aus. a) $9a^2 - 36 = (\square + 6)(\square - 6)$ b) $x^2 - 6xy + \square = (x - \square)^2$ c) $4a^2 + \square + 25 = (2a + 5)^2$	→ S. 152
	Aufgabe 2 Verwandle mithilfe der binomischen Formeln in ein Produkt. a) $a^2 + 12a + 36$ = ________________ b) $49 - t^2$ = ________________ c) $4x^2 - 28xy + 49y^2$ = ________________	→ S. 152

Schritt-für-Schritt-Erklärung

Fachbegriffe

Wenn man eine Summe/Differenz in ein Produkt umwandelt, so nennt man dies **Faktorisieren**.
Faktorisieren kannst du
- entweder durch **Ausklammern** oder
- indem du die **binomischen Formeln rückwärts** anwendest.

Der Begriff Faktorisieren kommt daher, dass ein Produkt aus mehreren Faktoren besteht.

So gehst du vor

So kannst du die binomischen Formeln rückwärts anwenden:

Wenn du von der rechten Seite der Gleichung zur linken Seite der Gleichung kommen willst, dann wandelst du eine Summe oder Differenz in ein Produkt um.
Dazu musst du die einzelnen Bestandteile miteinander vergleichen.

Die 1. und 2. binomische Formel

1. Schreibe die rechte Seite der Gleichung und die allgemeine binomische Formel untereinander.
2. Vergleiche die einzelnen Bestandteile.
3. Kontrolliere, ob der „Mischterm" in der Mitte stimmt.

$x^2 - 8x + 16$

$\bigcirc^2 - 2 \cdot \bigcirc \square - \square^2$

$x^2 = \bigcirc^2$; $16 = \square^2$

also ist $\bigcirc = x$ und $\square = 4$, denn $4^2 = 16$

$-2 \cdot x \cdot 4 = -8x$ ✓

Die 3. binomische Formel

Die 3. binomische Formel kann nur dann angewendet werden, wenn zwei Quadrate voneinander subtrahiert werden.

1. Schreibe die rechte Seite der Gleichung und die allgemeine 3. binomische Formel untereinander.
2. Vergleiche die einzelnen Bestandteile und schreibe als Produkt.

$36a^2 - 64b^2$

$\bigcirc^2 - \square^2$

$36 = 6^2$; $64 = 8^2$

Beachte: Besteht ein Teil aus einer Zahl und einer Variablen, dann muss die Zahl auch eine Quadratzahl sein!

also ist $\bigcirc = 6a$, denn $(6a)^2 = 36a^2$

$\square = 8b$, denn $(8b)^2 = 64b^2$

$36a^2 - 64b^2 = (6a + 8b)(6a - 8b)$ ✓

Übungsaufgaben

Aufgabe 49 ●○○

Fülle die Lücken aus.

a) $a^2 - 10a + 25 = (a - \square)^2$

b) $x^2 + 8x + 16 = (x + \square)^2$

c) $144 - a^2 = (\square + a)\ (\square - a)$

d) $16a^2 - 40a + 25 = (\square - 5)^2$

e) $x^2 + 2xy + y^2 = (x + \square)^2$

f) $81s^2 - 16t^2 = (9s + \square)\ (9s - \square)$

Aufgabe 50 ●○○

Faktorisiere mithilfe der binomischen Formeln.

a) $x^2 - 16x + 64$

b) $x^2 + 6x + 9$

c) $x^2 + 18x + 81$

d) $a^2 - 64$

e) $s^2 - 6st + 9t^2$

f) $x^2 - 14x + 49$

g) $x^2 + 9x + 20{,}25$

h) $x^2 + x + 0{,}25$

i) $x^2 - 5x + 6{,}2$

Aufgabe 51 ●○○

Faktorisiere mithilfe der binomischen Formeln.

a) $16x^2 - 81$

b) $4a^2 + 4ab + b^2$

c) $25 - 40s + 16s^2$

d) $49x^2 + 28xy + 4y^2$

e) $9x^2 - 25y^2$

f) $16a^2 - 80ab + 100b^2$

g) $64a^2 - \frac{1}{4}b^2$

h) $36x^2 - 60xy + 25y^2$

i) $9x^2 + 25y^2 - 30xy$

Aufgabe 52 ●○○

Fülle die Lücken aus.

a) $x^2 + \square + y^2 = (\square + y)^2$

b) $a^2 + 10ab + \square = (a + \square)^2$

c) $4x^2 + \square + 16y^2 = (\square + 4y)^2$

d) $\square - \frac{1}{4}b^2 = (3a + \square)\ (\square - \square)$

Schritt-für-Schritt-Erklärung

So gehst du vor

So kannst du einen Term quadratisch ergänzen, dass er sich als binomische Formel schreiben lässt:

Beispiel:
Ergänze, so dass die rechte Seite einer binomischen Formel entsteht.
$9x^2 - 24x + \square^2$

1. Schreibe den Term und die rechte Seite der binomischen Formel untereinander und vergleiche die Bestandteile. Bestimme den ersten Teil der Summe, die in der binomischen Formel in der Klammer steht.

   $9x^2 - \underbrace{24x} + \square^2$
   $\downarrow$
   $\bigcirc^2 - 2\bigcirc\square$

   $\bigcirc = 3x$, denn $(3x)^2 = 9x^2$

2. Betrachte den „Mischterm" in der Mitte. Teile den Mischterm durch 2 und den ersten Term, der quadriert wurde.

   $24x : 2 = 12x$

   $12x : 3x = 4 = \square$

3. Bilde von dem Ergebnis das Quadrat. Das ist der gesuchte Wert für die rechte Seite.

   $\boxed{4}^2 = 16$ ✓

Übungsaufgaben

Aufgabe 53 ●●○

Ergänze quadratisch, so dass man eine binomische Formel anwenden kann.

a) $a^2 - 2ab + \square$

b) $x^2 - 6xy + \square$

c) $4a^2 + 20ab + \square$

d) $x^2 + x + \square$

e) $16a^2 + 8ab + \square$

f) $81x^2 - 9xy + \square$

Gleichwertige Terme

Kompetenzcheck

Ich kann …	Aufgabe	Ergebnis
… beliebige Terme umformen und vereinfachen.	**Aufgabe 1** Löse die Klammern auf und fasse so weit wie möglich zusammen. a) $-(3x^2 + 3x) - 4x(3 - x)$ = __________ = __________ b) $(4x - y)(y - x) + (2x + y)^2$ = __________ = __________	→ S. 152
	Aufgabe 2 Verwandle in ein Produkt. Faktorisiere dabei so weit wie möglich. a) $25a^2 + 30\,ab + 9b^2$ = __________ = __________ b) $5x^2 + 10xy + 5y^2$ = __________ = __________	→ S. 152
… überprüfen, ob zwei Terme gleichwertig sind.	**Aufgabe 3** Welche Terme sind gleichwertig? Ordne zu. $(4x - 6y)^2$ $16x^2 - 48xy + 36y^2$ $2x(8x - 24y)$ $16x^2 - 48xy$ $16x^2 - 36y^2$ $4(4x^2 - 9y^2)$	→ S. 152

Schritt-für-Schritt-Erklärung

Fachbegriffe

Was sind gleichwertige Terme?

Zwei Terme heißen **gleichwertig** oder **wertgleich** oder **äquivalent**, wenn sie beim Einsetzen von jeder (möglichen) Zahl den gleichen Wert haben. Dann schreibt man zwischen die beiden Terme ein Gleichheitszeichen (=).

Sind zwei Terme mit Variablen **nicht** gleichwertig, haben sie für **mindestens eine Einsetzung keine** gleichen Werte.

So gehst du vor

So kannst du zeigen, dass zwei Terme nicht gleichwertig sind:

Zwei Terme sind nicht gleichwertig, wenn man sie nicht so umformen kann, dass zwei gleiche Terme entstehen. Das ist häufig kompliziert. Es genügt auch, ein **Gegenbeispiel**, also einen Wert für die Variable zu finden, für die beide Terme andere Werte haben.
Dafür kannst du für die Variable verschiedene Werte einsetzen, z. B. −1; 0; 1; 2.

Das ist wie bei der Unterscheidung von Personen. Oft sieht man sofort einen Unterschied, bei Zwillingen muss man manchmal länger suchen, bis man einen Unterschied gefunden hat.

Beispiel: $(x + y)^2$ und $2(x + y)$

I. Umformen

$(x + y)^2$
$= x^2 + 2xy + y^2$ — binomische Formel

$2(x + y)$
$= 2x + 2y$ — ausmultiplizieren

also $(x + y)^2 \neq 2(x + y)$

II. Einsetzen

x	y	$(x + y)^2$	$2(x + y)$
0	0	0	0
0	1	$1^2 = 1$	$2 \cdot 1 = 2$
$1 \neq 2$, also $(x + y)^2 \neq 2(x + y)$			

Schritt-für-Schritt-Erklärung

So gehst du vor

Diese Rechengesetze zum Umformen von Termen kannst du anwenden:

① Bei Strichrechnung (Addition ⊕ und Subtraktion ⊖) dürfen gleichartige Terme zusammengefasst werden.
② Klammern werden ausmultipliziert, indem die Zahl oder Variable vor der Klammer mit jedem Teil der Klammer multipliziert wird.
③ Zwei Klammern werden multipliziert, indem jeder Teil der ersten Klammer mit jedem Teil der zweiten Klammer multipliziert wird.
④ Binomische Formeln

So gehst du vor

So kannst du überprüfen, ob zwei Terme gleichwertig sind:

Es genügt nicht, wenn du zur Überprüfung verschiedene Zahlen für die Variable einsetzt, denn du kannst gar nicht alle möglichen Zahlen einsetzen.
Du kannst nur mit Sicherheit sagen, dass zwei Terme gleichwertig sind, wenn du sie mithilfe der Rechengesetze so **umformen** kannst, dass zwei gleiche Ausdrücke dastehen, und zwar unabhängig davon, welche Zahlen man für die Variable einsetzt.

Beispiel:
Zeige, dass die Terme $5a(a+1)-(a+3)^2$ und $4a^2-a-9$ gleichwertig sind.

Forme den ersten Term so lange um, bis du den zweiten Term erhältst.

$5a(a+1)-(a+3)^2$ — binomische Formel

$= 5a(a+1)-(a^2+6a+9)$ — ausmultiplizieren

$= 5a^2+5a-(a^2+6a+9)$ — Minusklammer

$= 5a^2+5a-a^2-6a-9$ — sortieren

$= 5a^2-a^2+5a-6a-9$ — zusammenfassen

$= 4a^2-a-9$ ✓

Übungsaufgaben

Aufgabe 54 ●○○

Vereinfache so weit wie möglich.

a) $3(2x + 1) - (5x + 3)$

b) $(2a - b)^2 - a(a - 4b)$

c) $(s + t)(2s - 2t)$

d) $(2a + 3)(3a - 2) - (5a - 6)$

e) $(x - 5)(x + 5) - (x - 6)^2$

f) $(10a + 2b)(10a - 2b) + 4b^2$

Aufgabe 55 ●○○

Welche Terme sind gleichwertig?

$4x(x - 4y)$

$4x^2 - 16xy + 16y^2$

$(2x - 4y)^2$

$(2x - 4y)(2x + 4y)$

$4x^2 - 16y^2$

$4x^2 - 16xy$

Aufgabe 56 ●○○

Sind die Terme gleichwertig? Kreuze ja oder nein an und begründe bzw. gib ein Gegenbeispiel an.

Term 1	Term 2	ja	nein	Begründung/Gegenbeispiel
$(3x + 4)^2$	$9x^2 + 16$	☐	☐	
$7(2x - 1) - 4x$	$10x - 7$	☐	☐	
$(x - 5)^2 - (x - 4)^2$	$-2x + 9$	☐	☐	
$5x^2y - 4\left(x^2 - \frac{1}{4}y\right)$	$4x^2y$	☐	☐	

Abschlusskompetenzcheck

	Ich kann …	✓
1	**… den Wert von Termen mit Variablen durch Einsetzen berechnen.** Berechne den Wert des Terms. a) $4 \cdot x - 3$ für $x = 5$ __________ __________ b) $5 \cdot (x - 2)$ für $x = -2$ __________ __________ c) $3 \cdot x + 4 \cdot x \cdot y$ für $x = 3$ und $y = 2$ __________ __________	
2	**… Terme durch Zusammenfassen und Vertauschen der Rechenschritte vereinfachen.** Vereinfache. a) $1 - 8a + 2 - 13a$ = __________ b) $x + 2y + 3x + 4y$ = __________ c) $5xy - 2x + 3 + 6y - 4xy$ = __________	
3	**… Terme miteinander multiplizieren.** Vereinfache. a) $5 \cdot 4x$ = __________ b) $x^2 \cdot 2x^4$ = __________ c) $-4x^2 \cdot 5x$ = __________	

	Ich kann ...	✓
4	**... Klammern durch Ausmultiplizieren auflösen.** Multipliziere aus. a) $2 \cdot (x + 3)$ = ______ b) $(3x - 2) \cdot 4$ = ______ c) $3x(x - 2y)$ = ______ d) $(16x - 8y) : 4$ = ______	
5	**... Minusklammern auflösen.** Vereinfache, indem du die Minusklammer auflöst. a) $-(x - 3) =$ ______ b) $-(-3x - 2y) =$ ______ c) $-3(-4x + 5) =$ ______	
6	**... ausklammern.** Klammere so weit wie möglich aus. a) $20a - 4 =$ ______ b) $-5xy + 10y =$ ______ c) $3x^2 - x^2y =$ ______ d) $6a + 3b =$ ______	
7	**... zwei Klammern miteinander multiplizieren.** Löse die Klammern auf und fasse gegebenenfalls zusammen. a) $(x + 4)(x + 5)$ = ______ b) $(x + 1)(2x - 2)$ = ______ c) $\left(4a - \frac{1}{2}\right)(2 - a)$ = ______	

	Ich kann …	✓
8	**… die binomischen Formeln anwenden, um Klammern aufzulösen.** Löse die Klammern mithilfe der binomischen Formeln auf. a) $(4x + y)^2$ = ___ b) $(2x + 3)(2x - 3)$ = ___ c) $\left(\frac{1}{2}a - 6b\right)^2$ = ___	
9	**… die binomischen Formeln rückwärts anwenden und eine Summe oder Differenz in ein Produkt umzuwandeln.** Wandle mithilfe der binomischen Formeln in ein Produkt um. a) $25x^2 - 9$ = ___ b) $a^2 - 8ab + 16b^2$ = ___ c) $\frac{1}{4}x^2 + 3xy + 9y^2$ = ___	
10	**… beliebige Terme umformen und vereinfachen.** Löse die Klammern auf und fasse so weit wie möglich zusammen. a) $-(2x^2 + 3x) - 4x(5 - x)$ = ___ b) $(2x - y)(y - x) + (x + y)^2$ = ___	
11	**… beliebige Terme umformen und vereinfachen.** Verwandle in ein Produkt. Faktorisiere dabei so weit wie möglich. a) $9a^2 + 30ab + 25b^2$ = ___ b) $3x^2 + 6xy + 3y^2$ = ___	

3 Gleichungen mit einer Variablen

Was sind Gleichungen? – Grundaufgaben

Kompetenzcheck

Ich kann …	Aufgabe	Ergebnis
… einfache lineare Gleichungen lösen.	**Aufgabe 1** Löse die Gleichungen. a) $7x - 1 = -8$ b) $9 = 4x + 1$ c) $3x + 2 = -1$ d) $16x + 9 = 12x - 3$	→ S. 164

Schritt-für-Schritt-Erklärung

Was ist eine Gleichung?

Eine Gleichung ist ein mathematischer Ausdruck, bei dem **auf beiden Seiten des Gleichheitszeichens** ⊜ **der gleiche Wert steht**, oder kurz:
linke Seite = rechte Seite.
Anschaulich kannst du dir eine Gleichung als Waage vorstellen, die im Gleichgewicht ist.

mathematisch
Beim Rechnen benutzt du automatisch Gleichungen, z. B. $3 + 2 = 5$.

anschaulich
Wenn du auf die linke Seite $3 + 2$ legst, musst du rechts 5 auflegen, damit die Waage im Gleichgewicht ist.

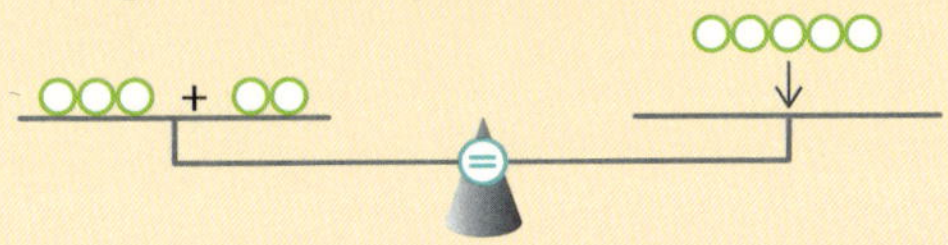

So gehst du vor

Wie löst man eine Gleichung?

Komplizierter wird es, wenn in einer Gleichung Unbekannte bzw. **Variable** vorkommen, z. B. $x + 3 = 5$.
Lösen der Gleichung bedeutet dann, herauszufinden, **wie groß x** ist.
Dazu formst du die Gleichung **auf beiden Seiten** so um, dass irgendwann x allein auf einer Seite steht. Diese Schritte schreibt man immer rechts neben die Gleichung hinter einen Strich (I).

mathematisch

$x + 3 = 5 \quad | -3$
$x = 5 - 3 = 2$

2 ist also (einzige) Lösung der Gleichung. Dafür schreibt man **L = {2}** und sagt: „**2 ist Lösung der Gleichung**".

anschaulich
Stelle dir eine Waage vor, die gleiche Dinge zählt. Die Waage zählt Schachteln x und Streichhölzchen. Auf der einen Seite der Waage liegen 1 Schachtel und 3 Streichhölzchen, auf der anderen Seite liegen 5 Streichhölzchen. Wie viele Streichhölzchen sind in der Schachtel?

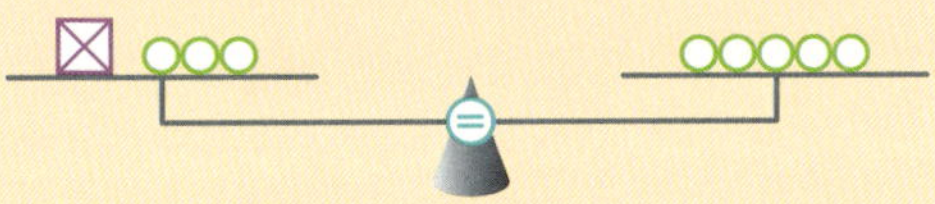

Lösung: Nimm von beiden Seiten 3 weg.

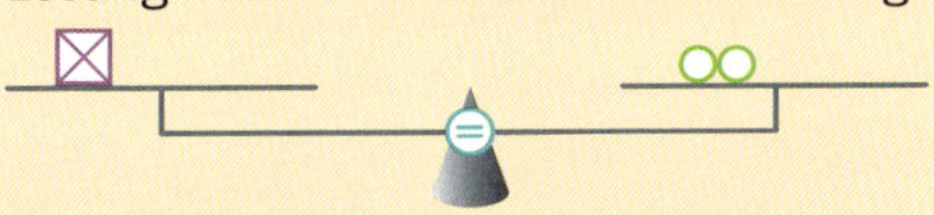

Damit die Waage im Gleichgewicht bleibt, müssen also in der Schachtel 2 Streichhölzchen sein, also $x = 2$.

Schritt-für-Schritt-Erklärung

So gehst du vor

So kannst du eine Gleichung lösen, in der eine Variable auf einer Seite mehrfach vorkommt.

Wenn in einer Gleichung eine Variable mehrfach vorkommt, hast du zwei Möglichkeiten, die Gleichung auf beiden Seiten so umzuformen, dass x alleine auf einer Seite steht:

- Addition oder Subtraktion einer Zahl, wenn davor ein ⊕ **oder** ⊖ steht.
- Multiplikation oder Division mit einer Zahl, die vor der Variablen steht.
  Beachte: Du musst alle Teile der Gleichung multiplizieren / dividieren.

mathematisch

$2x + 3 = 9 \quad | -3$

$2x \quad = 9 - 3 = 6$

$2 \cdot x \quad = 6 \quad | : 2$

$x \quad = 6 : 2 = 3$

Lösung der Gleichung ist also 3, oder kurz: L = {3}.

Tipp: Wenn du das Umformen beherrscht, kannst du die verkürzte Schreibweise benutzen.

verkürzte Schreibweise:

$2x + 3 = 9 \quad | -3$

$2x \quad = 6 \quad | : 2$

$x \quad = 3$

anschaulich

Auf der einen Seite der Waage liegen 2 Schachteln und 3 Streichhölzchen, auf der anderen Seite liegen 9 Streichhölzchen. Wie viele Streichhölzchen sind in einer Schachtel?

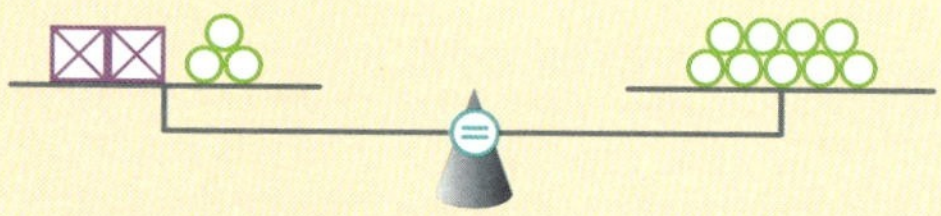

Lösung:
Nimm von beiden Seiten 3 weg.

Dann sind links noch 2x und rechts 6 übrig.
Teile beide Seiten in 2 gleiche Teile auf.

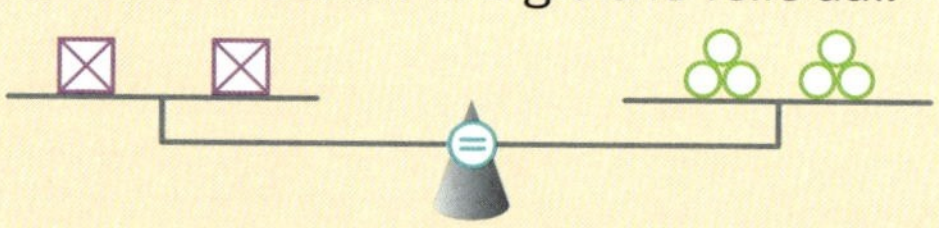

Nimm jeweils einen der 2 Teile weg; die Waage ist dann immer noch im Gleichgewicht.

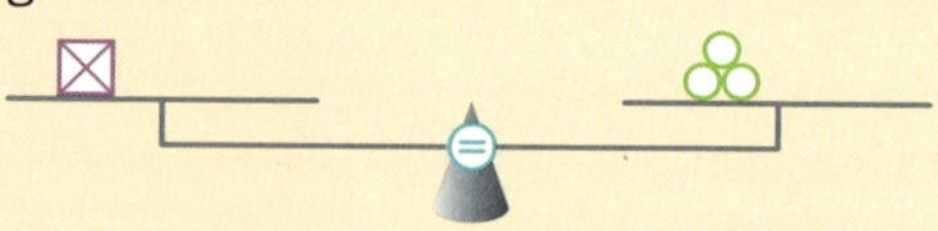

Man sieht nun, dass in einer Schachtel 3 Streichhölzchen sind, also x = 3.

Schritt-für-Schritt-Erklärung

So gehst du vor

So kannst du eine Gleichung lösen, in der eine Variable auf beiden Seiten mehrfach vorkommt:

Wenn in einer Gleichung eine Variable mehrfach auf beiden Seiten vorkommt, hast du drei Möglichkeiten, die Gleichung auf beiden Seiten so umzuformen, dass x alleine auf einer Seite steht:

- Addition oder Subtraktion einer Zahl, wenn davor ein ⊕ **oder** ⊖ steht.
- Addition oder Subtraktion einer Variablen, wenn davor ein ⊕ **oder** ⊖ steht.
- Multiplikation oder Division mit einer Zahl, die vor der Variablen steht.
  Beachte: Du musst alle Teile der Gleichung multiplizieren oder dividieren.

mathematisch

$5x + 3 = 2x + 9 \quad | -3$

$5x = 2x + 9 - 3$

$5x = 2x + 6 \quad | -2x$

$5x - 2x = 6$

$3 \cdot x = 6 \quad | :3$

$x = 6 : 3$

$x = 2$

Lösung der Gleichung ist 2.
L = {2}

anschaulich

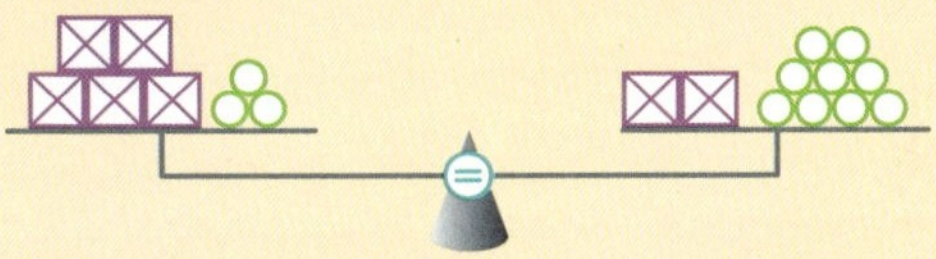

Nimm von beiden Seiten 3 weg.

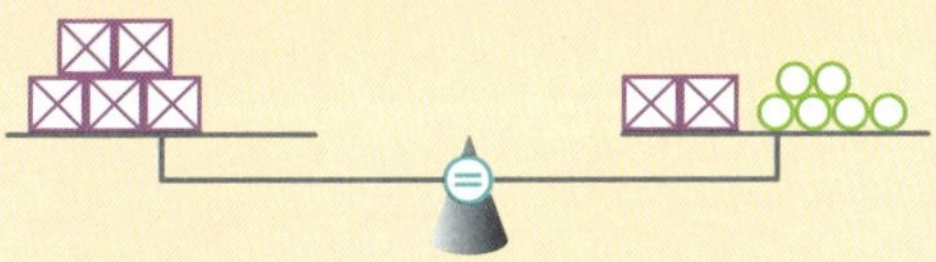

Nimm auf beiden Seiten 2x weg.

Teile beide Seiten in 3 gleich große Teile und betrachte einen Teil davon.

Dann ist x = 2.

verkürzte Schreibweise:

$5x + 3 = 2x + 9 \quad | -3$

$5x = 2x + 6 \quad | -2x$

$3 \cdot x = 6 \quad | :3$

$x = 2$

L = {2}

Übungsaufgaben

Aufgabe 1 ●○○

Löse die Gleichungen.

a) $3x = 18$
b) $2x = 30$
c) $5x = 40$
d) $8 = 2x$
e) $15 = 3x$
f) $2x = 1$

Aufgabe 2 ●○○

Löse die Gleichungen.

a) $x + 7 = 11$
b) $x + 3 = 15$
c) $x + 4 = 100$
d) $x + 3 = 3$
e) $8 + x = 18$
f) $14 = 5 + x$

Aufgabe 3 ●○○

Löse die Gleichungen.

a) $2x + 1 = 7$
b) $3x + 2 = 14$
c) $4x + 7 = 19$
d) $3x + 2 = 17$
e) $6 + 4x = 50$
f) $6x + 5 = 41$

Aufgabe 4 ●○○

Veranschauliche mit einer Waage und löse die Gleichungen.

a) $x + 3 = 8$
b) $2x + 5 = 7$
c) $3x + 1 = 10$
d) $2x + 2 = 8$
e) $4x + 1 = 13$
f) $5x + 6 = 6$
g) $4x + 2 = 3x + 5$
h) $3x + 9 = 5x + 3$
i) $4x + 3 = x + 9$

Schritt-für-Schritt-Erklärung

So gehst du vor

So kannst du Gleichungen lösen, in denen negative Zahlen vorkommen:

Forme die Gleichung so lange um, bis x allein auf einer Seite steht. Umformungen, die die Gleichung nicht verändern, nennt man **Äquivalenzumformungen.** Alle Umformungen sind **Umkehrrechnungen**. Folgende Umformungen sind erlaubt:

Dabei gilt

- Addition / Subtraktion einer Zahl, wenn davor ein ⊕ **oder** ⊖ steht.
- Addition / Subtraktion einer Variablen, wenn davor ein ⊕ **oder** ⊖ steht.

Da du Umkehrrechnungen durchführen musst, gilt: Steht ein ⊕ vor der Zahl / dem Term, musst du ⊖ rechnen, steht ein ⊖ vor der Zahl / dem Term, musst du ⊕ rechnen.

- Multiplikation / Division einer Zahl, die vor dem x steht. **Beachte:** Du musst alle Teile der Gleichung multiplizieren / dividieren.

Dividiere durch die Zahl (mit ihrem Vorzeichen), die vor der Variablen steht.

Beispiele:
Löse die Gleichungen.

a) $3x - 5 = 10 \quad | +5$
$3x = 10 + 5$
$3x = 15 \quad | :3$
$x = 15 : 3 = 5$
$L = \{5\}$

b) $-4x - 3 = 5 \quad | +3$
$-4x = 5 + 3$
$-4x = 8 \quad | :(-4)$
$x = -2$
$L = \{-2\}$

Übungsaufgaben

Aufgabe 5 ●○○

Löse die Gleichungen.

a) $x - 5 = 25$
b) $x - 3 = 3$
c) $x - 9 = 0$
d) $x - 12 = -13$
e) $3x - 4 = 11$
f) $2x - 5 = -15$
g) $7x - 5 = -26$
h) $25 - 6x = 1$
i) $-8 - 5x = -13$

Aufgabe 6 ●○○

Löse die Gleichungen.

a) $3x + 7 = 8x + 2$
b) $7x + 5 = 2x + 20$
c) $4x + 3 = 2x - 5$
d) $6x + 1 = 2 - 3x$
e) $7x - 2 = 1 - 3x$
f) $5 - x = 2x - 7$
g) $2 + 8x = 5 - x$
h) $1 - 10x = 6 - 5x$
i) $4 - 5x = 4 + 7x$

Gleichungen mit Brüchen

Kompetenzcheck

Ich kann …	Aufgabe	Ergebnis
… Gleichungen mit Brüchen lösen.	**Aufgabe 1** Löse die Gleichungen. a) $\frac{1}{7}x = -2$ b) $\frac{x}{2} + 3 = 7$ c) $x - 3 = \frac{1}{2}x - 2$ d) $6 + \frac{x}{3} = 10$	☺ ☹ → S. 164

Schritt-für-Schritt-Erklärung

Das Lösen von Gleichungen mit Brüchen geht genauso wie das Lösen von Gleichungen ohne Brüche, aber du musst für das Umformen der Gleichung das Rechnen mit Brüchen beherrschen.
Als besondere Schreibweise kann die **Variable im Zähler** eines Bruches stehen.

Dabei gilt: Steht im Zähler eines Bruches ein Produkt und im Nenner eine Zahl, so darfst du den Bruch **als Produkt von einem Bruch und einer Variablen** schreiben,

kurz: $\frac{ax}{b} = \frac{a}{b}x$.

Beispiele: $\frac{x}{2} = \frac{1 \cdot x}{2} = \frac{1}{2}x$

$\frac{2x}{3} = \frac{2}{3}x$

Beachte: Der Malpunkt zwischen einer Zahl und der Variablen wird meist weggelassen. 2x bedeutet 2 · x.

So gehst du vor

So kannst du Gleichungen mit Brüchen lösen:

1. Bringe durch **Addition oder Subtraktion** alle Zahlen auf eine Seite und die Variable auf die andere Seite.
   Dabei gilt:
   Zwei Brüche werden addiert oder subtrahiert, indem man die Nenner durch Erweitern gleichnamig macht und dann die Zähler addiert bzw. subtrahiert. Kurz:
   $\frac{a}{b} + \frac{c}{d} = \frac{a \cdot d}{b \cdot d} + \frac{c \cdot b}{d \cdot b} = \frac{ad + cb}{bd}$

Beispiele:

a)
$$\frac{x}{2} + 3 = 7 \quad | \text{ Bruch umschreiben}$$
$$\frac{1}{2}x + 3 = 7 \quad | -3$$
$$\frac{1}{2}x = 4 \quad | \cdot \frac{2}{1}$$
$$x = 4 \cdot 2 = 8$$
$$L = \{8\}$$

2. Dividiere durch die Zahl vor dem x.
   Steht vor dem x ein Bruch, kannst du mit dem **Kehrbruch multiplizieren**.
   $\frac{a}{b}x = \frac{c}{d} \quad | \cdot \frac{b}{a}$
   kurz: $x = \frac{c}{d} \cdot \frac{b}{a}$

b)
$$\frac{2x}{3} + \frac{5}{6} = \frac{1}{2} \quad | \text{ Bruch umschreiben}$$
$$\frac{2}{3}x + \frac{5}{6} = \frac{1}{2} \quad | -\frac{5}{6}$$
$$\frac{2}{3}x = \frac{1}{2} - \frac{5}{6}$$
$$= \frac{3}{6} - \frac{5}{6}$$
$$= -\frac{2}{6} = -\frac{1}{3}$$
$$\frac{2}{3}x = -\frac{1}{3} \quad | \cdot \frac{3}{2}$$
$$x = -\frac{1}{3} \cdot \frac{3}{2}$$
$$= -\frac{3}{6} = -\frac{1}{2}$$
$$L = \left\{-\frac{1}{2}\right\}$$

Übungsaufgaben

Aufgabe 7 ●○○

Löse die Gleichungen.

a) $\frac{x}{3} = 4$

b) $\frac{1}{5}x = 2$

c) $\frac{x}{6} = -7$

d) $\frac{2}{3}x = 1$

e) $\frac{3x}{4} = 2$

f) $\frac{5x}{2} = 2$

Aufgabe 8 ●○○

Löse die Gleichungen.

a) $\frac{x}{3} + 1 = 5$

b) $\frac{1}{2}x - 1 = -8$

c) $6 + \frac{x}{3} = 10$

d) $\frac{4}{5}x - 1 = 0$

e) $\frac{2}{3}x + 8 = 10$

f) $\frac{1}{3}x - \frac{1}{2} = \frac{4}{3}$

Aufgabe 9 ●○○

Löse die Gleichungen.

a) $\frac{3}{4} + \frac{1}{6}x = \frac{1}{2} + \frac{5}{6}x$

b) $\frac{1}{3}x - \frac{1}{2} = -\frac{1}{3}x + \frac{1}{6}$

c) $\frac{1}{2} + \frac{1}{3}x = -\frac{1}{2} + x$

d) $\frac{3}{2}x - 1 = x + \frac{1}{2}$

e) $\frac{1}{3}x + \frac{1}{2} = -\frac{2}{5} + \frac{4}{3}x$

f) $\frac{3}{2} + \frac{1}{6}x = -\frac{1}{6}x + \frac{1}{4}$

Gleichungen, in denen die Variable mehrfach vorkommt

Kompetenzcheck

Ich kann …	Aufgabe	Ergebnis
… Gleichungen lösen, in denen die Variable mehrfach vorkommt.	**Aufgabe 1** Löse die Gleichungen. a) $6x - 10 + 8x = 11 + 7x$ b) $6x - 2 - 2x + 2 = 2x + 5 - 3x$ c) $2x + 6 - 6x - 3 = -9x - 11 + x + 2$	→ S. 165

Schritt-für-Schritt-Erklärung

Fachbegriffe

Bei jeder Gleichung stehen auf der linken Seite und auf der rechten Seite jeweils Terme, die durch das Gleichheitszeichen verbunden sind, also ist eine Gleichung kurz gesagt **Term 1 = Term 2**.

Auch wenn die Terme sehr kompliziert aussehen, brauchst du zum Lösen einer Gleichung nur zwei grundlegende Kenntnisse:
Du musst **Terme umformen** können und die **Äquivalenzumformungen** von Gleichungen beherrschen.

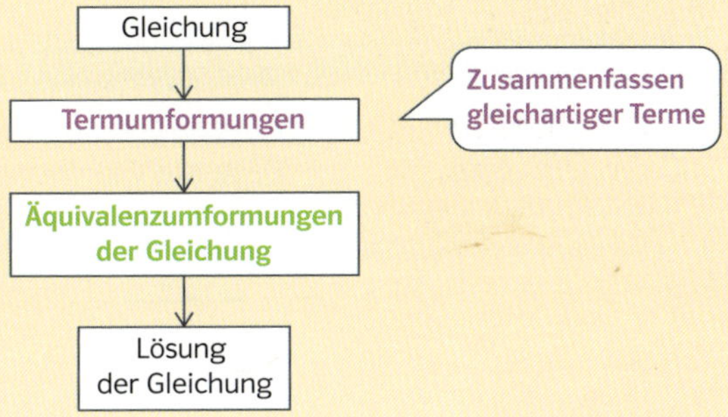

So gehst du vor

So kannst du eine Gleichung lösen, in der eine Variable mehrfach vorkommt:

1. Zusammenfassen
Fasse auf jeder Seite extra erst die Zahlen und dann die Variablen zusammen.

2. Umformen durch Addition / Subtraktion
Forme die Gleichung durch Addition / Subtraktion der Zahl oder Variablen auf beiden Seiten so um, dass die Variable auf einer Seite alleine steht und auf der anderen Seite eine Zahl.

3. Umformen durch Division
Dividiere beide Seiten durch die Zahl, die vor der Variablen steht.

Beispiel:

$8x + 5 - 2x - 3 = 8 - 2x - 2 + 6x$ | sortieren

$8x - 2x + 5 - 3 = 6x - 2x + 8 - 2$ | zusammenfassen

$6x + 2 = 4x + 6$ | −2

$6x = 4x + 6 - 2$

$6x = 4x + 4$ | −4x

$6x - 4x = 4$

$2x = 4$ | : 2

$x = 4 : 2 = 2$

$L = \{2\}$

Übungsaufgaben

Aufgabe 10 ●○○

Löse die Gleichungen.

a) $3x + 3 - 2 + 4x = 15 + 5x - 2 - x$

b) $-4x + 3x - 7 + 9 - x = 8 + 9x + 4 - 16x$

c) $7x - 4 - 9x + 2 = -10 + 4x + 2$

d) $9x + 4 - 2 - 8x = 6x - 2 - 6x + 14$

e) $17x - 21 - 7x - 9 = -2x - 15 + 4x - 7$

f) $5 - x + 10 - x = 20 + 2x - 5 - 2x$

Gleichungen mit Klammern lösen

Kompetenzcheck

Ich kann …	Aufgabe	Ergebnis
… Gleichungen mit Klammern lösen.	**Aufgabe 1** Löse die Gleichungen. a) $4(x - 3) = 8$ b) $8(x - 3) = 2x$ c) $2 - (3 - x) = 0$ d) $3(x + 4) = 2(x + 5)$	→ S. 165

Schritt-für-Schritt-Erklärung

Fachbegriffe

In Gleichungen können auf beiden Seiten auch Klammern vorkommen. Auch bei solchen Gleichungen mit Klammern brauchst du zum Lösen wieder die zwei grundlegenden Fähigkeiten: Du musst **Terme umformen** können und die **Äquivalenzumformungen** von Gleichungen beherrschen. Allerdings wird das Umformen der Terme schwieriger.

Du musst folgende Termumformungen beherrschen:
- Ausmultiplizieren
- Minusklammern auflösen
- binomische Formeln
- Zusammenfassen gleichartiger Teile

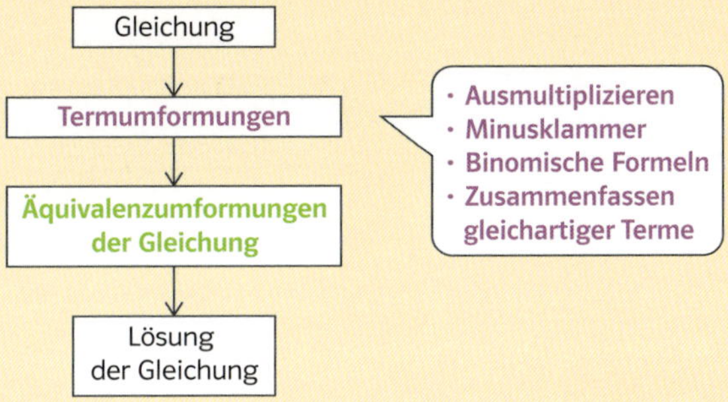

So gehst du vor

So kannst du eine Gleichung lösen, in der Klammern vorkommen:

1. **Klammern auflösen**
   Löse die Klammern auf durch
   - Ausmultiplizieren
   - Umdrehen der Vorzeichen bei einer Minusklammer
   - Anwenden der binomischen Formeln
2. **Zusammenfassen**
   Fasse dann auf jeder Seite extra erst die Zahlen und dann die Variablen zusammen.
3. **Umformen durch Addition / Subtraktion**
   Forme die Gleichung durch Addition / Subtraktion der Zahl oder Variablen auf beiden Seiten so um, dass die Variable auf einer Seite alleine steht und auf der anderen Seite eine Zahl.
4. **Umformen durch Division**
   Dividiere beide Seiten durch die Zahl, die vor der Variablen steht.

Beispiele:

a)
$$\begin{aligned} 6(x-1) &= -2(x-5) && \mid \text{Klammern auflösen} \\ 6x-6 &= -2x+10 && \mid +6 \\ 6x &= -2x+10+6 && \\ 6x &= -2x+16 && \mid +2x \\ 6x+2x &= 16 && \\ 8x &= 16 && \mid :8 \\ x &= 2, \text{ also } L = \{2\} && \end{aligned}$$

b)
$$\begin{aligned} x^2+33 &= (x-3)^2 && \mid \text{Klammern auflösen} \\ x^2+33 &= x^2-6x+9 && \mid -x^2 \\ 33 &= -6x+9 && \mid -9 \\ 24 &= -6x && \mid :(-6) \\ -4 &= x, \text{ also } L = \{-4\} && \end{aligned}$$

Übungsaufgaben

Aufgabe 11 ●○○
Löse die Gleichungen.

a) $2(x + 1) = 10$
b) $3(x + 4) = 27$
c) $4(x - 2) = 8$
d) $2(3x - 1) = 10$
e) $18 = 2(2x + 3)$
f) $5(1 + 2x) = 10$

Aufgabe 12 ●○○
Löse die Gleichungen.

a) $9 - (x + 6) = 2$
b) $4x - (2x + 9) = 3$
c) $3x + 11 - (15 - 5x) = 5 - x$
d) $6x - 2(3x - 1) = 4x$
e) $3(1 - x) - (3 + x) = 0$
f) $9 - 3(2x + 1) = -6$

Aufgabe 13 ●○○
Löse die Gleichungen.

a) $3(x + 4) = 2(x + 5)$
b) $7(x + 2) = 4(x + 5)$
c) $4(1{,}5 - 3x) = 9(3 + x)$
d) $7(2x + 1) = 2(5 + 4x)$
e) $4(x + 1) + 2(1 - x) = x$
f) $3x + 2(2x + 1) = 4(3 + x) - 1$

Aufgabe 14 ●○○
Löse die Gleichungen.

a) $x^2 - (x + 3)(x - 2) = 7$
b) $(x + 5)(x - 2) = x^2 - 1$
c) $(2x - 1)(x + 2) = 2x^2 + 10$
d) $(x + 1)^2 = (x + 1)(x - 1)$
e) $(x - 1)^2 = (x - 3)(x + 3)$
f) $(x + 3)(x + 7) = (x + 2)(x + 9)$

Bruchgleichungen – Gleichungen, bei denen die Variable auch im Nenner steht

Kompetenzcheck

Ich kann …	Aufgabe	Ergebnis
… einfache Verhältnisgleichungen lösen.	**Aufgabe 1** Löse die Gleichungen. a) $\frac{x}{4} = \frac{5}{2}$ b) $\frac{x}{5} = \frac{2}{3}$ c) $x - \frac{1}{2}x = 1$	→ S. 166
… Bruchgleichungen lösen.	**Aufgabe 2** Löse die Gleichungen. a) $\frac{2}{x} - 2 = 1$ b) $\frac{8}{x} = \frac{6}{5}$ c) $\frac{6}{x} - 2 = \frac{2}{x}$	→ S. 166

Schritt-für-Schritt-Erklärung

Fachbegriffe

Was ist eine Verhältnisgleichung?

Eine **Verhältnisgleichung** ist eine **Sonderform einer Bruchgleichung**.
Wie der Name sagt, werden in einer Verhältnisgleichung zwei Verhältnisse gleichgesetzt. Und da ein Verhältnis mathematisch nichts anderes ist als ein Bruch, steht in einer Verhältnisgleichung auf jeder Seite des Gleichheitszeichens ein Bruch, kurz $\frac{a}{b} = \frac{c}{d}$ mit $b \neq 0$ und $d \neq 0$, da man durch null nicht teilen darf.
Im Alltag kommen Verhältnisgleichungen häufig vor, wenn man aus drei gegebenen Größen eine vierte Größe berechnen möchte, z.B. beim Benzinverbrauch eines Autos oder beim Backen, wenn man die Menge der Zutaten verändern möchte.

Für das Lösen bzw. Umformen einer Verhältnisgleichung gibt es eine einfache Methode, bei der du wenig mit „krummen" Zahlen rechnen musst und die immer funktioniert, egal, wo die Variable steht.

Du musst **beide Seiten der Gleichung über Kreuz mit den Nennern multiplizieren.**

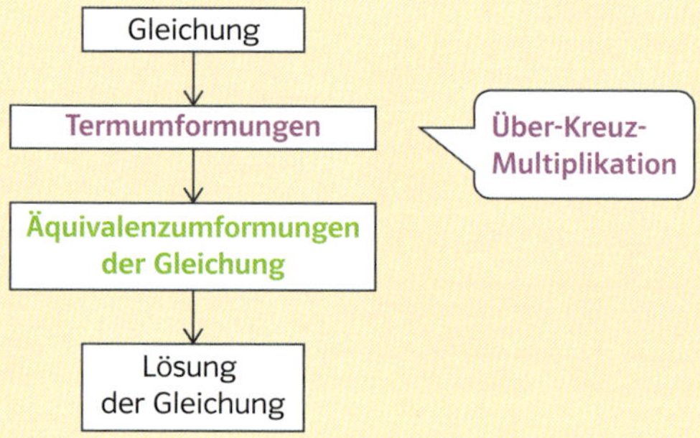

Es gilt:

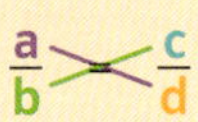

$a \cdot d = c \cdot b$

Als Ergebnis erhältst du eine Gleichung der Form

Zähler linke Seite · Nenner rechte Seite = Zähler rechte Seite · Nenner linke Seite

Beispiel:
Ein Auto verbraucht 6,5 l auf 100 km. Wie weit kommt es mit 39 l?

zugehörige Gleichung: $\frac{6{,}5}{100} = \frac{39}{x}$

$$6{,}5 \cdot x = 39 \cdot 100 \qquad |:6{,}5$$
$$x = 3900 : 6{,}5 = 600,$$

also kommt das Auto mit 39 l 600 km weit.

Schritt-für-Schritt-Erklärung

So gehst du vor

So kannst du Verhältnisgleichungen lösen:

Beispiele:

1. Über Kreuz multiplizieren
Multipliziere beide Seiten mit beiden Nennern.

a) $\frac{6{,}5}{100} = \frac{39}{x}$

$\frac{6{,}5}{100} \times \frac{39}{x}$

$6{,}5 \cdot x = 39 \cdot 100 \quad | :6{,}5$

$x = 3900 : 6{,}5$

$= 39\,000 : 65 = 600$

Als Ergebnis erhältst du eine Gleichung der Form

Zähler linke Seite · Nenner rechte Seite = Zähler rechte Seite · Nenner linke Seite

2. Umformen durch Division
Dividiere beide Seiten durch die Zahl, die vor der Variablen steht.

b) $\frac{x}{3} = \frac{5}{2}$

$\frac{x}{3} = \frac{5}{2}$

$2 \cdot x = 3 \cdot 5 \quad |$ ausrechnen

$2 \cdot x = 15 \quad | :2$

$x = \frac{15}{2} = 7\frac{1}{2} = 7{,}5$

Übungsaufgaben

Aufgabe 15 ●○○

Löse die Verhältnisgleichungen.

a) $\frac{x}{3} = \frac{4}{9}$

b) $\frac{x}{5} = \frac{3}{10}$

c) $\frac{3}{x} = \frac{1}{4}$

d) $\frac{6}{x} = \frac{7}{12}$

e) $\frac{2}{3} = \frac{10}{x}$

f) $\frac{8}{x} = \frac{12}{5}$

g) $\frac{2x}{3} = \frac{5}{6}$

h) $\frac{3}{2x} = \frac{2}{5}$

i) $\frac{3}{4x} = \frac{2}{9}$

Schritt-für-Schritt-Erklärung

Fachbegriffe

Was sind Bruchgleichungen?

Eine **Bruchgleichung** ist eine Gleichung, bei der die **Variable** in mindestens einem Term **auch im Nenner** vorkommt.

Beispiele: $\frac{3}{x} = 6$; $\frac{3}{4}x = 1$; $\frac{1}{x-2} = \frac{2}{2x-4}$; $\frac{x-1}{2x} = 3$

Was ist die Definitionsmenge?

Ein Bruch ist nichts anderes als eine andere Schreibeweise für einen Quotienten. Da im Nenner auch eine Variable stehen kann, kann der **Nenner null** werden. Da man aber durch null nicht teilen darf, muss man diesen Wert der Variablen, für den der Nenner null wird, zu Beginn von der Lösung ausschließen. Umgekehrt bilden **alle Zahlen, die man einsetzen darf, ohne dass der Nenner null wird**, die sogenannte **Definitionsmenge**.

So gehst du vor

So kannst du die Definitionsmenge bestimmen:

Wenn du herausfinden musst, welche Zahlen man einsetzen darf und welche nicht, musst du jeden Nenner der Gleichung, der eine Variable enthält, gleich null setzen und nach der Variablen auflösen.

Gehe also so vor:

1. Setze den Nenner gleich null.
2. Löse die Gleichung durch Äquivalenzumformungen.
3. Schreibe die Definitionsmenge richtig auf.

$$D = \mathbb{Q} \setminus \{2\}$$

sind | außer | {2}.

Die Definitionsmenge | alle rationalen Zahlen

in Worten:
Die Definitionsmenge sind alle rationalen Zahlen außer 2.

Beispiele:

a) $\frac{3+x}{x-2} = 6$

$x - 2 = 0 \quad | +2$

$x = 2$

$D = \mathbb{Q} \setminus \{2\}$

b) $\frac{4}{x} = \frac{2}{x+1}$

$x = 0$ und $x + 1 = 0 \quad | -1$

$x = -1$

$D = \mathbb{Q} \setminus \{0; -1\}$

Übungsaufgaben

Aufgabe 16 ●○○

Bestimme die Definitionsmenge der Bruchterme.

a) $\frac{2}{x}$

b) $\frac{x}{x+1}$

c) $\frac{3}{x-1} = \frac{2}{x-3}$

d) $\frac{4}{2x+1} = 3$

e) $\frac{2}{x+2} = \frac{3}{2x}$

f) $\frac{x}{(x+1)^2}$

Aufgabe 17 ●○○

Gib verschiedene Bruchterme an, die die angegebene Definitionsmenge haben.

a) $D = \mathbb{Q} \setminus \{-1\}$

b) $D = \mathbb{Q} \setminus \{2\}$

c) $D = \mathbb{Q} \setminus \{-2; 2\}$

d) $D = \mathbb{Q} \setminus \{0; 3\}$

Schritt-für-Schritt-Erklärung

So gehst du vor

So kannst du eine Bruchgleichung lösen:

Bruchgleichungen kannst du wie andere (lineare) Gleichungen auch durch **Äquivalenzumformungen** lösen. Hier kommt allerdings noch dazu, dass die **ausgerechnete Zahl** trotzdem **keine Lösung** der Gleichung sein kann, wenn sie nicht zur Definitionsmenge gehört. Das gibt es nur bei Bruchgleichungen.

① Bestimme die Definitionsmenge.
② Multipliziere alle Teile der Gleichung mit einem Nenner. Dadurch erhältst du eine Gleichung, ohne Brüche, in der keine Variable mehr im Nenner steht.
③ Löse die umgeformte Gleichung durch Äquivalenzumformungen.
④ Vergleiche die Lösung mit der Definitionsmenge.
⑤ Gib die Lösungsmenge an.

Beispiele: Löse die Gleichung.

a) $\frac{3+x}{x-2} = 6$

① $x - 2 = 0 \quad | +2$
$x = 2$
$D = \mathbb{Q} \setminus \{2\}$

② $\frac{3+x}{x-2} = 6 \quad | \cdot (x-2)$

Achte darauf, dass du alle Teile der Gleichung multiplizierst!

③ $3 + x = 6 \cdot (x-2) \quad |$ ausmultiplizieren
$3 + x = 6x - 12 \quad | -x$
$3 = 5x - 12 \quad | +12$
$15 = 5x \quad | :5$
$x = 3$

Das ist das Gleiche wie das Über-Kreuz-Multiplizieren.

④ 3 gehört zur Definitionsmenge.
⑤ Also ist $L = \{3\}$.

b) $\frac{-2}{x-2} = \frac{-3}{2x-4}$

① $x - 2 = 0 \quad | +2$
$x = 2$
$2x - 4 = 0 \quad | +4$
$2x = 4 \quad | :2$
$x = 2$
$D = \mathbb{Q} \setminus \{2\}$

② $\frac{-2}{x-2} = \frac{-3}{2x-4} \quad | \cdot (x-2)$

$-2 = -3 \cdot \frac{(x-2)}{2x-4} \quad | \cdot (2x-4)$

Achte darauf, dass du alle Teile der Gleichung multiplizierst!

③ $-2(2x-4) = -3 \cdot (x-2) \quad |$ ausmultiplizieren
$-4x + 8 = -3x + 6 \quad | +4x$
$8 = x + 6 \quad | -6$
$2 = x$

Das ist das Gleiche wie das Über-Kreuz-Multiplizieren.

④ 2 gehört nicht zur Definitionsmenge, daher hat die Gleichung keine Lösung.
⑤ Also ist $L = \{\ \}$.

Übungsaufgaben

Aufgabe 18 ●○○
Löse die Bruchgleichungen.

a) $\frac{2}{x} = 2$

b) $\frac{9}{x} = 3$

c) $\frac{5}{x} = 10$

d) $\frac{9}{2x} = 3$

e) $\frac{2}{x} + 3 = 7$

f) $\frac{10}{3x} = 5$

Aufgabe 19 ●○○
Löse die Bruchgleichungen.

a) $\frac{2}{x-1} = 2$

b) $\frac{3}{x-7} = 2$

c) $\frac{4}{x+2} = 1$

d) $\frac{x}{x-3} = 2$

e) $\frac{2x}{x+3} = 4$

f) $\frac{-x}{2x+1} = 2$

Aufgabe 20 ●○○
Löse die Bruchgleichungen.

a) $2 + \frac{x}{x-1} - 1 = 0$

b) $\frac{2-x}{x+1} + 1 = 2$

c) $\frac{4+x}{(2x-2)} - 1 = 2$

Aufgabe 21 ●○○
Löse die Bruchgleichungen.

a) $\frac{1}{x-1} - \frac{4}{x+2} = 0$

b) $\frac{2}{3x-4} + 2 = \frac{1}{6x-8}$

c) $\frac{-x-2}{2x-4} + 7 = \frac{-x}{(x-2)}$

Abschlusskompetenzcheck

	Ich kann ...	✓
1	**... einfache lineare Gleichungen lösen.** Löse die Gleichungen. a) $5x - 2 = 8$ $\quad L = \{\ \}$ b) $22 = 4x + 2$ $\quad L = \{\ \}$ c) $18x - 5 = 12x + 19$ $\quad L = \{\ \}$	
2	**... Gleichungen mit Brüchen lösen.** Löse die Gleichungen. a) $\frac{1}{5}x = -3$ $\quad L = \{\ \}$ b) $\frac{x}{3} + 2 = 1$ $\quad L = \{\ \}$ c) $x - 4 = \frac{1}{3}x - 2$ $\quad L = \{\ \}$	
3	**... Gleichungen lösen, in denen die Variable mehrfach vorkommt.** Löse die Gleichungen. a) $5x - 8 + 3x = 11 + 6x$ $\quad L = \{\ \}$ b) $4x - 1 - 2x + 1 = 2x + 6 - 3x$ $\quad L = \{\ \}$ c) $3x + 7 - 5x - 3 = -9x - 11 + x + 1$ $\quad L = \{\ \}$	
4	**... Gleichungen mit Klammern lösen.** Löse die Gleichungen. a) $3(x - 4) = 3$ $\quad L = \{\ \}$ b) $6(x - 4) = 2x$ $\quad L = \{\ \}$ c) $3 - (3 - 2x) = 0$ $\quad L = \{\ \}$ d) $4(x + 3) = 2(x + 4)$ $\quad L = \{\ \}$	

	Ich kann ...	✓
5	**... einfache Verhältnisgleichungen lösen.** Löse die Gleichungen. a) $\frac{x}{5} = \frac{3}{10}$ L = { } b) $\frac{x}{4} = \frac{3}{2}$ L = { } c) $x - \frac{1}{3x} = \frac{1}{6}$ L = { }	
6	**... Bruchgleichungen lösen.** Löse die Gleichungen. a) $\frac{6}{x} - 2 = 1$ L = { } b) $\frac{12}{x} = \frac{6}{5}$ L = { } c) $\frac{3}{x} - 2 = \frac{4}{x}$ L = { }	

4 Modellieren mit Termen und Gleichungen – Lösen von Textaufgaben

Terme aufstellen und Gleichungen lösen – Muster

Kompetenzcheck

<table>
<tr><th>Ich kann …</th><th>Aufgabe</th><th>Ergebnis</th></tr>
<tr><td>… Muster mit Termen beschreiben.</td><td>

Aufgabe 1

<table>
<tr><td>1.</td><td></td></tr>
<tr><td>2.</td><td></td></tr>
<tr><td>3.</td><td>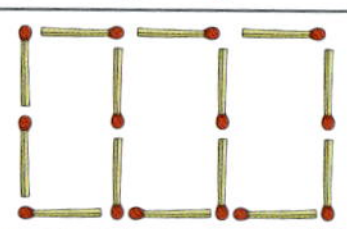</td></tr>
<tr><td>4.</td><td></td></tr>
<tr><td>5.</td><td></td></tr>
</table>

a) Setze das Muster zwei weitere Schritte fort.
b) Stelle einen Term auf, mit dem man die Anzahl der Streichhölzer in jedem x-beliebigen Schritt berechnen kann.
____
c) Wie viele Streichhölzer braucht man für den 15. Schritt? __________
</td><td>→ S. 176</td></tr>
<tr><td>… Aufgaben zu Mustern mithilfe von Gleichungen lösen.</td><td>d) Welcher Schritt besteht aus 82 Streichhölzern?
__________</td><td>→ S. 176</td></tr>
</table>

Schritt-für-Schritt-Erklärung

Fachbegriffe

Was ist in der Mathematik ein Muster?

In der Mathematik hat ein **Muster** immer einen Anfang, also eine **Ausgangssituation**. Dieses erste Muster wird dann in mehren Schritten immer nach dem gleichen Verfahren fortgesetzt.
Ziel ist es nun, solche Muster z. B. aus Streichhölzchen, Perlen oder Plättchen, mit Termen und Gleichungen so zu beschreiben und zu verstehen, dass man sofort mithilfe des **Terms einen beliebigen Schritt beschreiben** kann, ohne dass man diesen Schritt extra darstellen muss.

Beispiel: Streichholzmuster

1.

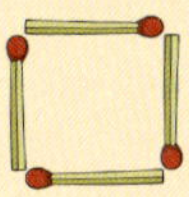

2.

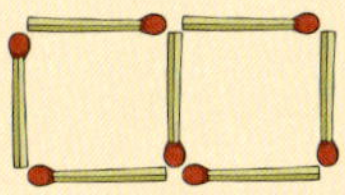

3.

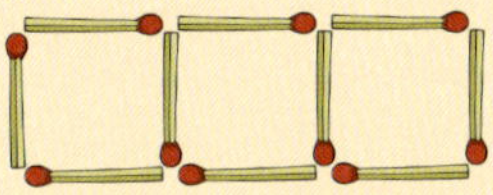

4.

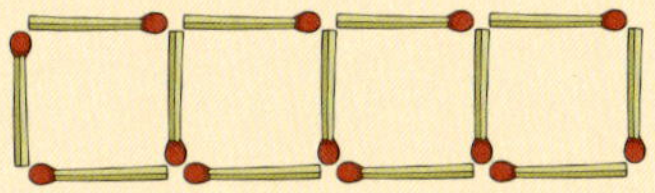

Muster eignen sich besonders gut für das Üben des Umgangs mit Termen und Gleichungen, da Muster auch bildlich dargestellt sind. So musst du nicht direkt den Text mathematisch verstehen, sondern kannst mit Skizzen oder Streichhölzern probieren.

Beim Umgang mit Mustern gibt es zwei typische Aufgaben:
- Es sind die ersten Schritte des Musters gegeben und du musst zuerst einen **Term aufstellen**. Das ist bei Mustern gar nicht so einfach, da man nicht sofort weiß, wie man die Variable einsetzen muss.
- Mithilfe einer **Gleichung** muss man ausrechnen, **aus wie vielen Teilen ein bestimmtes Muster besteht.**

Der Schwerpunkt beim Umgang mit Mustern liegt also hauptsächlich beim Aufstellen des zugehörigen Terms.

Schritt-für-Schritt-Erklärung

So gehst du vor

So kannst du Muster mit Termen beschreiben:

1. System mithilfe einer Tabelle
Lege eine Tabelle an, in der du die ersten Schritte des Musters genau dokumentierst.

Schritt (x)	Muster	gezählte Teile	Term

Die Variable des Musters steht dabei immer für den **x-beliebigen Schritt**.

2. Was kommt dazu?
Finde heraus, wie viele Teile in jedem Schritt dazu kommen. Diese Zahl wird dann mit der Variablen multipliziert.
Tipp: Zeichne selbst ein oder zwei weitere Schritte.

3. Was bleibt fest?
Finde heraus, wie viele Teile fest sind, d.h. wie viele Teile sich nicht verändern.
Tipp: Markiere dazu auch im 1. Schritt diejenige Anzahl an Teilen, die in den anderen Schritten dazukommt. Die Teile, die dann übrig bleiben, sind die festen Teile.

4. Term für jeden x-beliebigen Schritt aufstellen
Addiere das, was fest bleibt und das, was in jedem Schritt dazu kommt. Das ist der Term, der das Muster beschreibt.

5. Kontrolle
Überprüfe durch Einsetzen und Skizzieren, ob der Term stimmt.

Beispiel:

1. 2. 3.

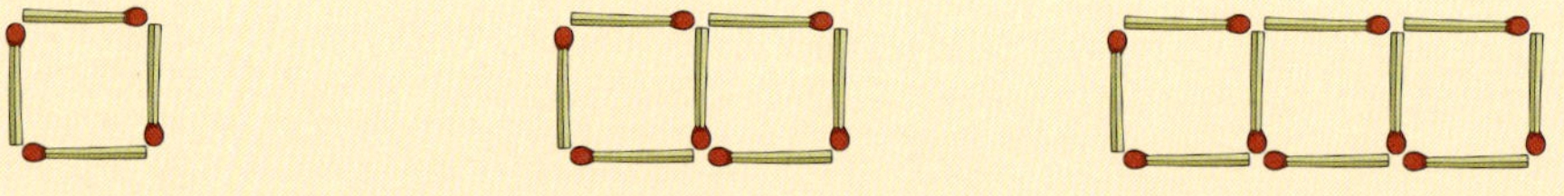

a) Setze das Muster zwei weitere Schritte fort.
b) Stelle einen Term auf, mit dem man die Anzahl der Streichhölzer in jedem x-beliebigen Schritt berechnen kann.
c) Wie viele Streichhölzer braucht man für den 10. Schritt?
d) Welcher Schritt besteht aus 43 Streichhölzern?

Schritt-für-Schritt-Erklärung

So gehst du vor

Lösung: a) und b)

1. Tabelle

Schritt (x)	Muster	gezählte Teile	Term
1		4	
2	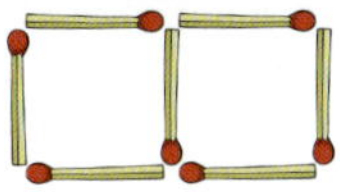	7	
3	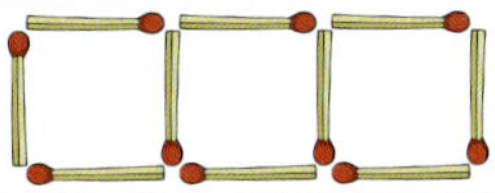	10	
4	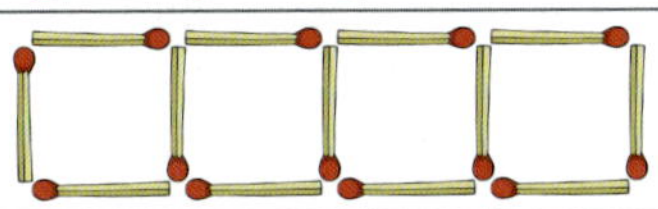	13	
5	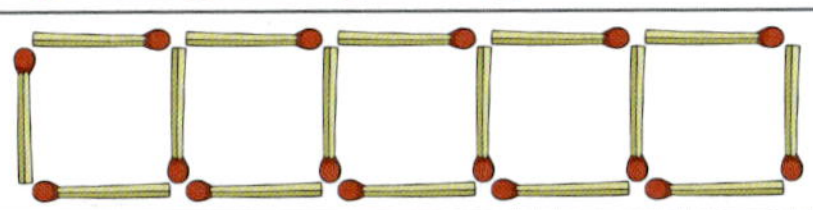	16	

2. und 3. Was kommt dazu, was bleibt fest?

Schritt (x)	Muster	gezählte Teile	Term
1	 ← 3 kommen dazu, 1 Streichholz bleibt fest, also 1	4	+3
2	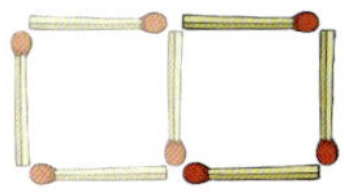	7	+3
3	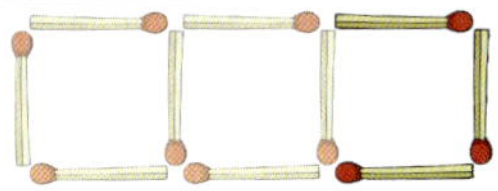	10	+3
4	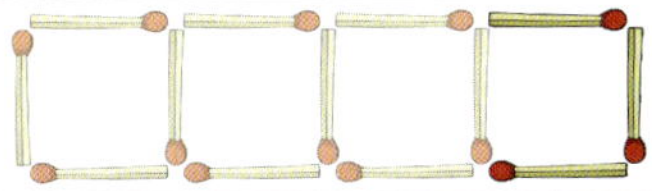	13	+3
5		16	

d.h., in jedem Schritt kommen 3 Streichhölzer dazu, also 3 x.

Schritt-für-Schritt-Erklärung

So gehst du vor

4. Term aufstellen

Beschreibung in Worten: Ein Streichholz bleibt fest. In jedem Schritt kommen 3 Streichhölzer dazu.

Anzahl der Streichhölzer: $1 + 3x$

5. Kontrolle

Schritt (x)	Muster	gezählte Teile	Term: $1 + 3x$
1	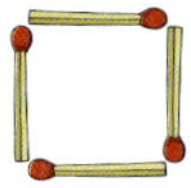	4	$1 + 3 \cdot 1 = 4$ ✓
2	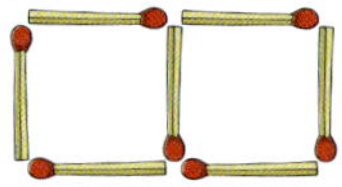	7	$1 + 3 \cdot 2 = 7$ ✓
3	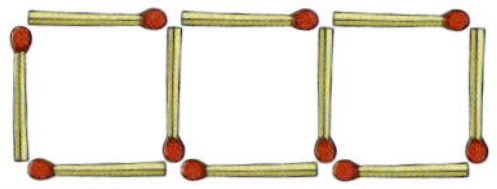	10	$1 + 3 \cdot 3 = 10$ ✓
4	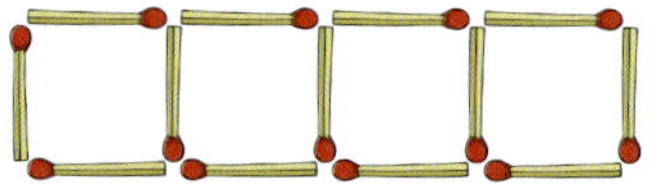	13	$1 + 3 \cdot 4 = 13$ ✓
5		16	$1 + 3 \cdot 5 = 16$ ✓

c) Löse durch **Einsetzen**:
$1 + 3 \cdot 10 = 31$, d.h. für den 10. Schritt braucht man 31 Streichhölzer.

d) Löse mithilfe einer **Gleichung**:
Die Anzahl der Streichhölzer wird durch den Term $1 + 3 \cdot x$ beschrieben.
Da die Anzahl der Streichhölzer 43 ist, muss gelten: $1 + 3 \cdot x = 43$
Umformen der Gleichung:

$$\begin{aligned} 1 + 3 \cdot x &= 43 \quad &| -1 \\ 3 \cdot x &= 42 \quad &| :3 \\ x &= 14, \end{aligned}$$

also braucht man für den 14. Schritt 43 Strichhölzer.

Übungsaufgaben

Aufgabe 1 ●○○

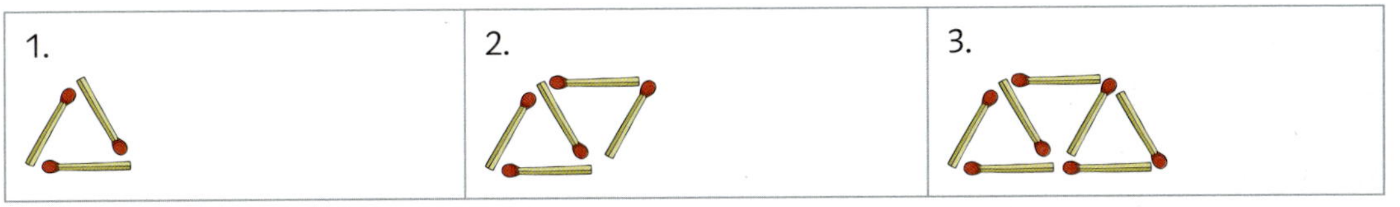

a) Setze das Muster zwei weitere Schritte fort.
b) Stelle einen Term auf, mit dem man die Anzahl der Streichhölzer in jedem x-beliebigen Schritt berechnen kann.
c) Wie viele Streichhölzer braucht man für den 10. Schritt?
d) Welcher Schritt besteht aus 57 Streichhölzern?

Aufgabe 2 ●○○

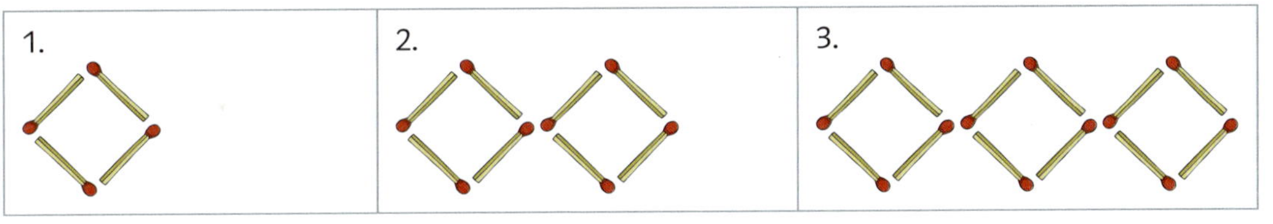

a) Setze das Muster zwei weitere Schritte fort.
b) Stelle einen Term auf, mit dem man die Anzahl der Streichhölzer in jedem x-beliebigen Schritt berechnen kann.
c) Wie viele Streichhölzer braucht man für den 8. Schritt?
d) Welcher Schritt besteht aus 72 Streichhölzern?

Aufgabe 3 ●○○

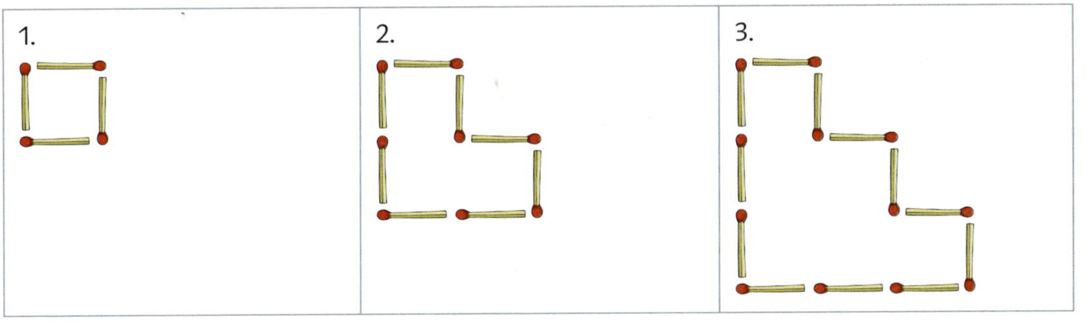

a) Setze das Muster zwei weitere Schritte fort.
b) Stelle einen Term auf, mit dem man die Anzahl der Streichhölzer in jedem x-beliebigen Schritt berechnen kann.
c) Wie viele Streichhölzer braucht man für den 12. Schritt?
d) Welcher Schritt besteht aus 96 Streichhölzern?

Übungsaufgaben

Aufgabe 4 ●○○

a) Setze das Muster zwei weitere Schritte fort.
b) Stelle einen Term auf, mit dem man die Anzahl der Plättchen in jedem x-beliebigen Schritt berechnen kann.
c) Wie viele Plättchen braucht man für den 15. Schritt?
d) Welcher Schritt besteht aus 64 Plättchen?

Aufgabe 5 ●○○

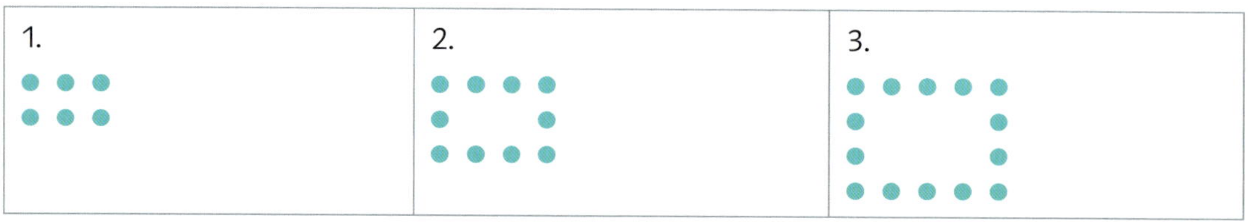

a) Setze das Muster zwei weitere Schritte fort.
b) Stelle einen Term auf, mit dem man die Anzahl der Plättchen in jedem x-beliebigen Schritt berechnen kann.
c) Wie viele Plättchen braucht man für den 14. Schritt?
d) Welcher Schritt besteht aus 102 Plättchen?

Aufgabe 6 ●○○

a) Setze das Muster zwei weitere Schritte fort.
b) Stelle einen Term auf, mit dem man die Anzahl der Plättchen in jedem x-beliebigen Schritt berechnen kann.
c) Wie viele Plättchen braucht man für den 20. Schritt?
d) Welcher Schritt besteht aus 100 Plättchen?

Aufgabe 7 ●○○

a) Setze das Muster zwei weitere Schritte fort.
b) Stelle einen Term auf, mit dem man die Anzahl der Plättchen in jedem x-beliebigen Schritt berechnen kann.
c) Wie viele Plättchen braucht man für den 14. Schritt?
d) Welcher Schritt besteht aus 90 Plättchen?

Aufgabe 8 ●○○

a) Setze das Muster zwei weitere Schritte fort.
b) Stelle einen Term auf, mit dem man die Anzahl der Plättchen in jedem x-beliebigen Schritt berechnen kann.
c) Wie viele Plättchen braucht man für den 9. Schritt?
d) Welcher Schritt besteht aus 66 Plättchen?

Aufgabe 9 ●●○

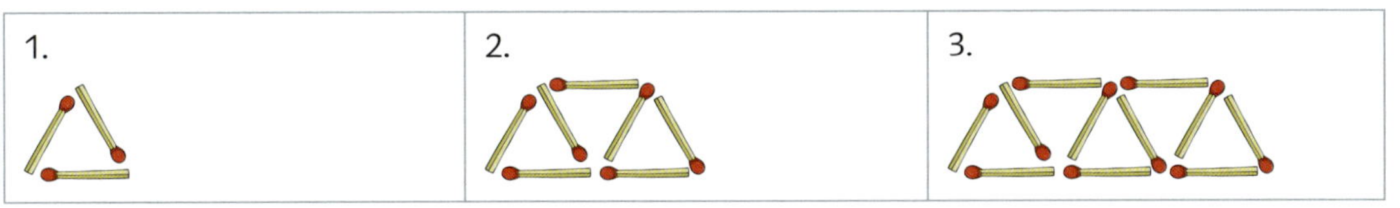

a) Setze das Muster zwei weitere Schritte fort.
b) Stelle einen Term auf, mit dem man die Anzahl der Streichhölzer in jedem x-beliebigen Schritt berechnen kann.
c) Wie viele Streichhölzer braucht man für den 10. Schritt?
d) Welcher Schritt besteht aus 87 Streichhölzern?

Gleichungen aufstellen und lösen – Aufgaben aus dem Alltag

Kompetenzcheck

Ich kann …	Aufgabe	Ergebnis
… Aufgaben aus dem Alltag mithilfe von Gleichungen lösen.	**Aufgabe 1** Familie Mayer geht in einen Freizeitpark. Sie bezahlen 150 € für zwei Kinder und zwei Erwachsene und bekommen 24 € zurück. Ein Kind kostet 7 € weniger als ein Erwachsener. Wie hoch ist der Eintrittspreis jeweils für Erwachsene und Kinder? Stelle eine Gleichung auf und löse damit die Aufgabe.	→ S. 176

Schritt-für-Schritt-Erklärung

So gehst du vor

So kannst du Anwendungsaufgaben mit Termen bzw. Gleichungen modellieren:

Mit Termen und Gleichungen können viele Situationen beschrieben und modelliert werden. Dazu gehören neben Alltagsproblemen u.a. auch Muster, Zahlenrätsel und Aufgaben aus der Geometrie.
Beim mathematischen Modellieren mit Termen und Gleichungen kannst du meist in den gleichen Schritten vorgehen:

① **Aufgabenstellung/Problem**
Im ersten Schritt geht es um das **Textverständnis**. Schreibe heraus, welche Daten gegeben sind und formuliere, was gesucht ist. Du kannst die Situation auch in einer Skizze veranschaulichen.
Führe für die gesuchte Größe eine Variable ein.

↓

② **Mathematisches Modell**
Übersetze den Text/die Aufgabenstellung in einen mathematischen Sachverhalt. Übersetze die gegebenen Daten zusammen mit dieser Variablen in einen mathematischen Term. Stelle gegebenenfalls eine Gleichung auf.

↓

③ **Mathematische Lösung**
Löse die Aufgabe rechnerisch, indem du die Gleichung löst. Dazu musst du Terme und Gleichungen umformen können.

↓

④ **Antwort**
Überprüfe, ob die mathematische Lösung auch den Sachverhalt beschreibt.

Schritt-für-Schritt-Erklärung

So gehst du vor

Beispiel:
Stelle einen Term auf, der die jeweilige Situation beschreibt.
Jonas übt Zaubertricks mit Karten. Er braucht dafür 12 Karten mit Bildern (Bube, Dame, König) und von jeder anderen Karte 4 (in jeder Farbe eine).

a) Stelle einen Term auf, der die Anzahl der Karten beschreibt.

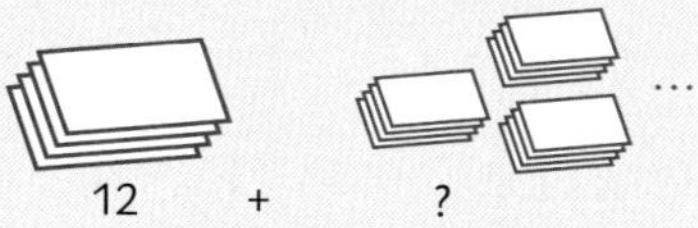

x: Anzahl der Karten ohne Bild / andere Karten
Jonas hat insgesamt $4x + 12$ Karten.

b) Jonas sortiert die Karten auf zwei Stapel. Ein Stapel enthält $x + 5$ Karten. Wie viele Karten liegen auf dem anderen Stapel?

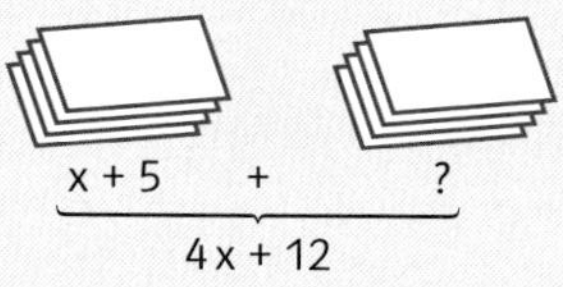

$4x + 12 - (x + 5)$ — Minusklammer
$= 4x + 12 - x - 5$
$= 4x - x + 12 - 5$ — zusammenfassen
$= 3x + 7$
Also sind auf dem zweiten Stapel $3x + 7$ Karten.

c) Jonas teilt alle Karten in zwei gleiche Stapel auf. Gib einen Term für die Anzahl der Karten in jedem Stapel an.

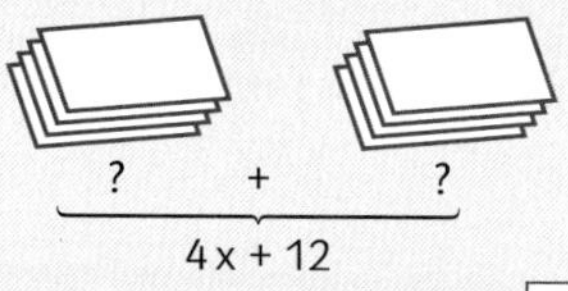

$(4x + 12) : 2$ — ausmultiplizieren
$= 4x : 2 + 12 : 2$
$= 2x + 6$
Also sind auf jedem Stapel $2x + 6$ Karten.

d) Jetzt legt Jonas 16 Karten auf den ersten Stapel, das sind $x + 7$ Karten. Berechne, wie viele Karten auf dem zweiten Stapel liegen.

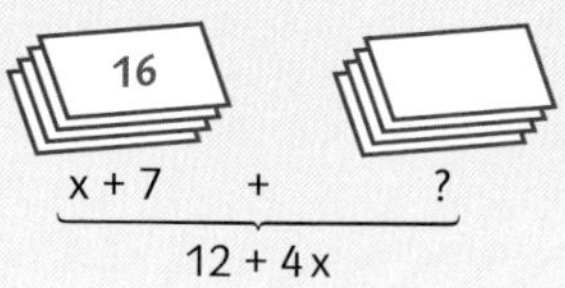

$x + 7 = 16$, also $x = 9$
2. Stapel: $12 + 4x - (x + 7)$
$= 12 + 4x - x - 7$
$= 3x + 5$
$x = 9$ einsetzen: $3 \cdot 9 + 5$
$= 27 + 5 = 32$
Es liegen 32 Karten auf dem zweiten Stapel.

Übungsaufgaben

Aufgabe 10 ●○○

Ordne jeder Aufgabe den passenden Term zu.

a) Pia hat doppelt so viele Schuhe wie Ella.

b) Ein Sweatshirt kostet im Ausverkauf 5 € weniger als die Hälfte seines alten Preises.

c) 4 Schüler teilen sich drei in gleich große Stücke geschnittene Pizzen.

d) Tim ist 3 Jahre älter als Alex.

e) Beim Kauf von zwei Familienpizzen gibt es 5 € Rabatt.

① $3x : 4$

② $2x - 5$

③ $2x$

④ $x : 2 - 5$

⑤ $x + 3$

Aufgabe 11 ●○○

Ayse hat drei Tüten mit Bonbons. In jeder Tüte sind gleich viele Bonbons.
Schreibe jeweils einen Term auf, mit dem man die Gesamtzahl aller Bonbons berechnen kann, die sich in den Tüten befinden.

a) Ayse nimmt aus einer Tüte drei Bonbons.
b) Ayse nimmt aus jeder Tüte zwei Bonbons.
c) Ayse nimmt aus zwei Tüten jeweils vier Bonbons.
d) Ayse nimmt aus zwei Tüten fünf Bonbons und aus der dritten Tüte 2 Bonbons.

Aufgabe 12 ●○○

Nils wiegt 56 kg, Jasmin 49 kg und Max wiegt 43 kg. Nils und Jasmin wiegen zusammen genau so viel wie Max und sein Freund Daniel. Stelle eine Gleichung auf und berechne, wie viel kg Daniel wiegt.

Gleichungen aufstellen und lösen – Zahlenrätsel

Kompetenzcheck

Ich kann …	Aufgabe	Ergebnis
… Zahlenrätsel mit Gleichungen lösen.	**Aufgabe 1** Löse das Zahlenrätsel mithilfe einer Gleichung. Wenn man von einer Zahl 6 subtrahiert und das Ergebnis mit 8 multipliziert, erhält man das Gleiche, wie wenn man zum Doppelten der Zahl 6 addiert.	→ S. 177
	Aufgabe 2 Löse das Zahlenrätsel mithilfe einer Gleichung. Wenn man eine Zahl verdreifacht, 5 addiert und das Ergebnis verdoppelt, erhält man das gleiche, wie wenn man die Zahl verdoppelt und dann von 18 subtrahiert.	→ S. 177

Schritt-für-Schritt-Erklärung

Textaufgaben mit Gleichungen

Eine Gleichung ist ein mathematischer Ausdruck, bei dem **auf beiden Seiten des Gleichheitszeichens** = **ein Term** steht. Deshalb funktioniert das Lösen von Textaufgaben mit Gleichungen nach dem gleichen Rezept wie das Lösen von Textaufgaben mithilfe von Termen.

Zahlenrätsel gehören zu den Anwendungsaufgaben, die relativ leicht durch Gleichungen gelöst werden können, da bei Zahlenrätseln die Anweisungen direkt in Rechenschritte übersetzt werden können.

So gehst du vor

So kannst du Zahlenrätsel lösen:

① **Aufgabenstellung/Problem**
Führe für die gedachte Zahl eine Variable ein.

② **Mathematisches Modell**
Stelle eine Gleichung auf, indem du die Anweisungen direkt in einen Term übersetzt. Das Ergebnis der Rechnung steht meist auf der anderen Seite der Gleichung.

③ **Mathematische Lösung**
Löse die Aufgabe rechnerisch, indem du die Gleichung löst.
Dazu musst du Terme und Gleichungen umformen können.

④ **Antwort**
Überprüfe, ob die mathematische Lösung auch den Sachverhalt beschreibt.
Führe dazu das Zahlenrätsel nochmal mit der Lösung durch.

Beispiele:

Zahlenrätsel ohne Klammern
Denke dir eine Zahl. Verdopple die die Zahl und addiere 8. Die Antwort ist 28.

① gedachte Zahl: x
② das Doppelte der Zahl: $2x$
Addiere 8: $2x + 8$
Gleichung: $2x + 8 = 28$
③ Lösung:
$2x + 8 = 28 \quad | -8$
$2x = 20 \quad | :2$
$x = 10$
Die gedachte Zahl lautet 10.
④ Kontrolle: $10 \cdot 2 + 8 = 20 + 8 = 28$ ✓

Zahlenrätsel mit Klammern
Denke dir eine Zahl und subtrahiere 5. Multipliziere das Ergebnis mit 3 und du erhältst 24.

① gedachte Zahl: x
② Subtrahiere 5: $x - 5$
Multipliziere das Ergebnis mit 3: $(x - 5) \cdot 3$
Gleichung: $(x - 5) \cdot 3 = 24$
③ Lösung:
$(x - 5) \cdot 3 = 24 \quad |$ ausmultiplizieren
$3x - 15 = 24 \quad | +15$
$3x = 39 \quad | :3$
$x = 13$
Die gedachte Zahl lautet 13.
④ Kontrolle: $13 - 5 = 8;\ 8 \cdot 3 = 24$ ✓

Übungsaufgaben

Aufgabe 13 ●○○

Ordne jedem Text den zugehörigen Term zu.

a) eine Zahl vermindert um 2

b) das Doppelte einer Zahl

c) der Vorgänger einer Zahl

d) Nachfolger einer Zahl

e) eine ungerade Zahl

① $x - 1$

② $2x + 1$

③ $x - 2$

④ $2x$

⑤ $x + 1$

Aufgabe 14 ●○○

Löse das Zahlenrätsel mithilfe einer Gleichung.

a) Denke dir eine Zahl. Multipliziere die Zahl mit 3 und addiere 1. Das Ergebnis ist 28.
b) Denke dir eine Zahl. Vervierfache die Zahl und subtrahiere 2. Das Ergebnis ist 42.
c) Denke dir eine Zahl. Verdopple die Zahl und addiere 11. Als Ergebnis erhältst du 29.

Aufgabe 15 ●○○

Löse das Zahlenrätsel mithilfe einer Gleichung.

a) Wenn man eine Zahl mit 6 multipliziert und 14 addiert, dann erhält man das Achtfache der Zahl.
b) Multipliziere eine Zahl mit 4 und addiere 18. Das Ergebnis ist so groß wie das Sechsfache der Zahl.
c) Subtrahiere vom Doppelten einer Zahl 23 und du erhältst den Vorgänger der Zahl.

Aufgabe 16 ●○○

Löse das Zahlenrätsel mithilfe einer Gleichung.

a) Wenn man zu einer Zahl 3 addiert und das Ergebnis verdoppelt, erhält man 52.
b) Wenn man vom Doppelten einer Zahl 5 subtrahiert und das Ergebnis mit 3 multipliziert, dann erhält man 39.
c) Wenn man den Nachfolger einer Zahl verdoppelt und 5 addiert, erhält man das Fünffache des Vorgängers.
d) Wenn man eine Zahl verdreifacht und 2 subtrahiert, erhält man das Doppelte des Vorgängers der Zahl.
e) Wenn man drei aufeinander folgende Zahlen addiert, erhält man 75.
f) Wenn man zum Dreifachen einer Zahl das Doppelte ihres Nachfolgers addiert, erhält man das Gleiche, wie wenn man zum Dreifachen der Zahl 12 addiert.

Gleichungen aufstellen und lösen – Aufgaben aus der Geometrie

Kompetenzcheck

Ich kann …	Aufgabe	Ergebnis
… Aufgaben aus der Geometrie mit Gleichungen lösen.	**Aufgabe 1** Stelle eine Gleichung auf und löse die Aufgabe. Der Umfang eines Rechtecks ist 20 cm. Die Länge ist 4 cm größer als die Breite.	→ S. 177
	Aufgabe 2 Stelle eine Gleichung auf und löse die Aufgabe. In einem gleichschenkligen Dreieck ist ein Basiswinkel 9° größer als der Winkel zwischen den beiden Schenkeln.	→ S. 177
	Aufgabe 3 Stelle eine Gleichung auf und löse die Aufgabe. Die Länge eines Rechtecks ist 12 cm größer als die Breite. Vergrößert man die Länge um 5 cm und verkürzt die Breite um 6 cm, so verringert sich der Flächeninhalt um 112 cm^2.	→ S. 178

Schritt-für-Schritt-Erklärung

Auf einen Blick

Aufgaben aus der Geometrie gehören zu den klassischen Anwendungsaufgaben, die mit Gleichungen gelöst werden können.
Bei diesen Aufgaben können die Anweisungen nicht direkt in Rechenschritte übersetzt werden, da man dazu die wichtigsten Formeln für geometrische Sachverhalte als Grundlage braucht.

Wichtige Formeln für geometrische Figuren:

Rechteck 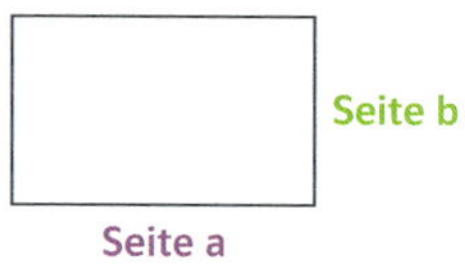 Flächeninhalt: $A = a \cdot b$ Umfang: $u = a + b + a + b$ $= 2a + 2b$ $= 2(a + b)$	**Quadrat** 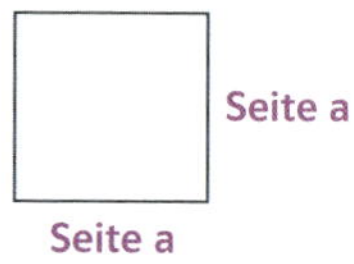 Flächeninhalt: $A = a \cdot a$ $= a^2$ Umfang: $u = a + a + a + a$ $= 4a$
allgemeines Dreieck 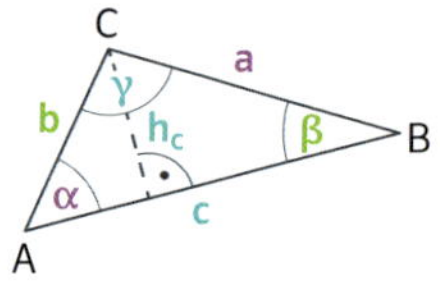 Flächeninhalt: $A = (\text{Grundseite} \cdot \text{Höhe}) : 2$ $= \frac{1}{2} c \cdot h_c$ Umfang: $u = a + b + c$ Summe Innenwinkel: $\alpha + \beta + \gamma = 180°$	**gleichseitiges Dreieck** 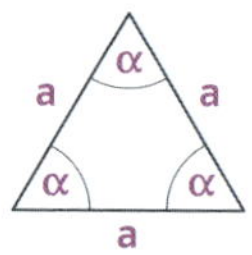 Alle Seiten sind gleich lang. Alle Winkel sind gleich groß ($\alpha = 60°$). Umfang: $u = 3a$
gleichschenkliges Dreieck 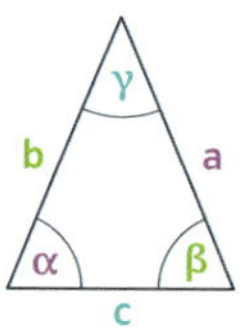 Zwei Basiswinkel sind gleich groß: $\alpha = \beta$ Zwei Schenkel sind gleich lang: $a = b$ Umfang: $u = 2a + c$ $= 2b + c$ Innenwinkel: $2\alpha + \gamma = 180°$ $2\beta + \gamma = 180°$	**rechtwinkliges Dreieck** 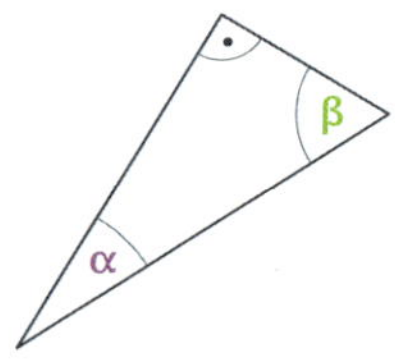 ein rechter Winkel: γ $\alpha + \beta = 90°$

Schritt-für-Schritt-Erklärung

Fachbegriffe

So kannst du Aufgaben aus der Geometrie mit Gleichungen lösen:

① **Aufgabenstellung / Problem**
Führe für eine Größe eine Variable ein. Mache eine Skizze des Sachverhalts.
② **Mathematisches Modell**
Stelle eine Gleichung auf, indem du die Aufgabe durch Anwenden der passenden Formel modellierst bzw. in eine Gleichung umwandelst.
③ **Mathematische Lösung**
Löse die Aufgabe rechnerisch, indem du die Gleichung löst. Dazu musst du Terme und Gleichungen umformen können.
④ **Antwort**
Überprüfe, ob die mathematische Lösung auch den Sachverhalt beschreibt. Führe dazu die Aufgabe nochmal mit der Lösung durch.

Beispiel 1:
In einem Dreieck ist α um 14° kleiner als β und um 20° größer als γ.
Wie groß sind die drei Winkel des Dreiecks?

Skizze:

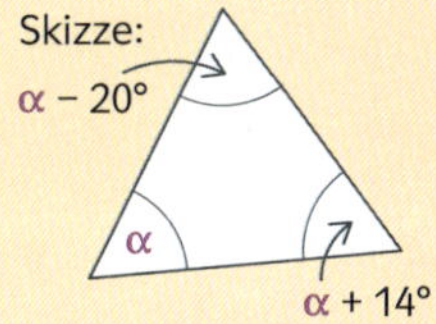

$\alpha = \gamma + 20°$, also $\gamma = \alpha - 20°$

$\alpha = \beta - 14°$, also $\beta = \alpha + 14°$

① gesuchter Winkel: α
② Formel: $\alpha + \beta + \gamma = 180°$
Gleichung: $\alpha + (\alpha + 14°) + (\alpha - 20°) = 180°$
③ Lösung:
$$\alpha + (\alpha + 14°) + (\alpha - 20°) = 180°$$
$$\alpha + \alpha + 14° + \alpha - 20° = 180°$$
$$3\alpha - 6° = 180° \quad | +6$$
$$3\alpha = 186° \quad | :3$$
$$\alpha = 62°$$
$\beta = \alpha + 14° = 62° + 14° = 76°$;
$\gamma = \alpha - 20° = 62° - 20° = 42°$
④ Kontrolle: $\alpha + \beta + \gamma = 62° + 76° + 42° = 180°$ ✓

Beispiel 2:
Verlängert man eine Seite eines Quadrats um 1 cm und die angrenzende Seite um 3 cm, dann erhält man ein Rechteck. Der Flächeninhalt dieses Rechtecks ist um 35 cm² größer als der Flächeninhalt des Quadrats.

Skizze:

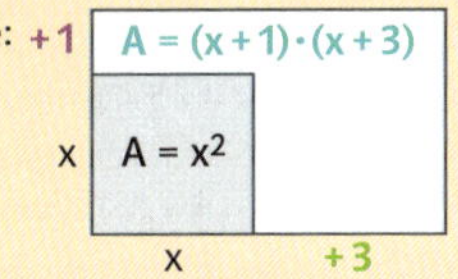

① Seitenlänge des Quadrats: x
② Gleichung: $(x + 1)(x + 3) = x^2 + 35$
③ Lösung:
$$(x + 1)(x + 3) = x^2 + 35 \quad | \text{ ausmultiplizieren}$$
$$x^2 + x + 3x + 3 = x^2 + 35 \quad | \text{ zusammenfassen}$$
$$x^2 + 4x + 3 = x^2 + 35 \quad | -x^2$$
$$4x + 3 = 35 \quad | -3$$
$$4x = 32 \quad | :4$$
$$x = 8$$
④ Kontrolle: $(8 + 1)(8 + 3) = 9 \cdot 11 = 99$
$64 + 35 = 99$ ✓

Übungsaufgaben

Aufgabe 17 ●○○

Löse die Aufgaben mithilfe von Gleichungen.

a) Wie groß sind die Winkel im Dreieck?

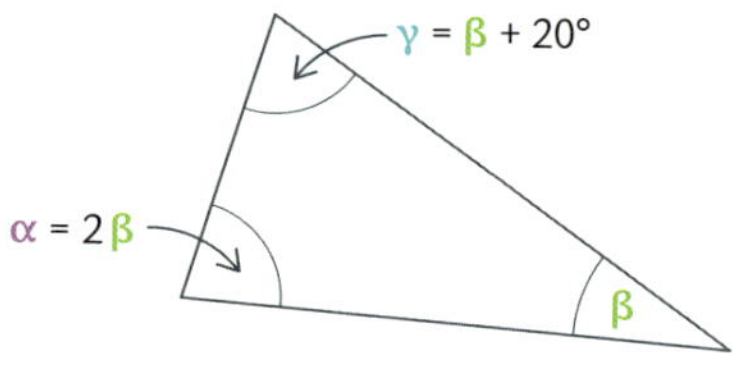

b) Wie groß sind die Winkel im Dreieck?

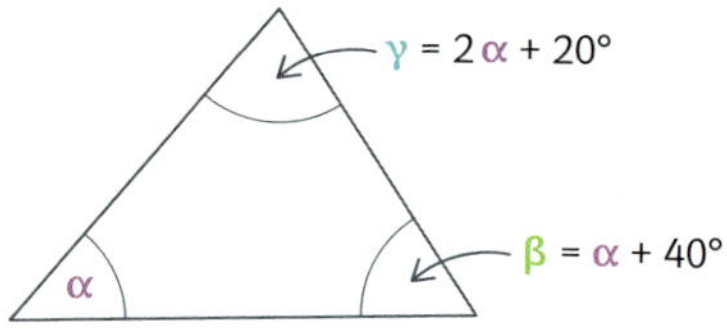

c) Das Dreieck und das Rechteck haben den gleichen Flächeninhalt. Wie lang ist das Rechteck bzw. wie hoch ist das Dreieck?

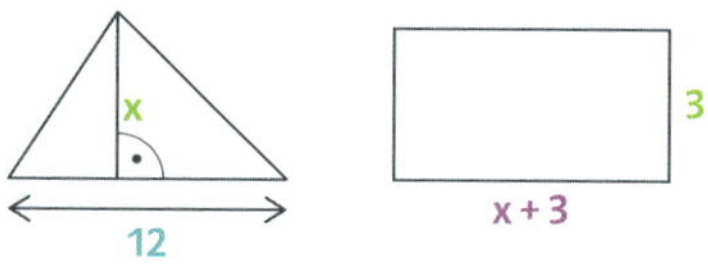

Aufgabe 18 ●○○

Ein Bild hat einen Umfang von 96 cm. Es ist doppelt so lang wie breit. Stelle eine Gleichung auf und berechne Länge und Breite des Bildes.

Aufgabe 19 ●○○

Ein Rechteck hat einen Umfang von 40 cm. Stelle eine Gleichung auf und berechne die Seitenlängen des Rechtecks.

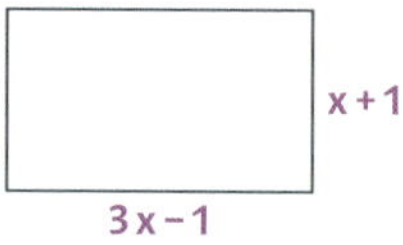

Aufgabe 20 ●○○

Ein Rechteck hat einen Flächeninhalt von 39 cm^2.
Stelle eine Gleichung auf und berechne die fehlende Seite des Rechtecks.

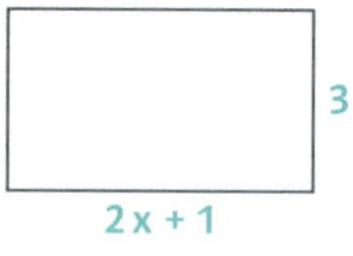

Aufgabe 21 ●○○

Löse die Aufgaben mithilfe von Gleichungen.

a) Ein Rechteck hat einen Umfang von 72 cm. Eine Seite ist 8 cm länger als die angrenzende Seite. Wie lang sind die Seiten?

b) Die Länge eines Rechtecks ist doppelt so groß wie die Breite. Sein Umfang ist 30 cm. Wie lang sind die Seiten?

Aufgabe 22 ●○○

Ein Dreieck hat einen Umfang von 10,3 cm. Seite a ist 1,5 cm länger als Seite c und Seite b ist 1,3 cm länger als Seite c. Stelle eine Gleichung auf und berechne die Längen der drei Seiten.

Aufgabe 23 ●○○

In einem Dreieck ist die Seite b 9 cm lang und a ist doppelt so lang wie c. Der Umfang des Dreiecks beträgt 24 cm. Stelle eine Gleichung auf und berechne die Längen der Dreiecksseiten.

Aufgabe 24 ●○○

In einem Dreieck ist β um 10° kleiner als das Doppelte von α und $\gamma = 70°$.
Stelle eine Gleichung auf und berechne die Winkel im Dreieck.

Aufgabe 25 ●○○

a) Stelle eine Gleichung auf und berechne x so, dass die gelbe Fläche fünfmal größer ist als die blaue Fläche.

b) Stelle eine Gleichung auf und berechne x so, dass die beiden markierten Flächeninhalte gleich groß sind.

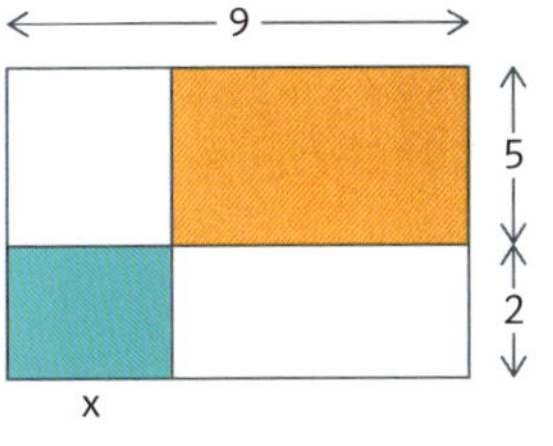

Aufgabe 26 ●○○

Die Seiten eines Quadrates sind 6 cm länger als die eines zweiten Quadrats. Der Flächeninhalt des größeren Quadrats ist 132 cm² größer als der Flächeninhalt des kleineren Quadrats. Stelle eine Gleichung auf und berechne die Seitenlängen der Quadrate.

Aufgabe 27 ●○○

In einem gleichschenkligen Dreieck ist jeder Basiswinkel 15° größer als der Winkel zwischen den Schenkeln. Wie groß sind die Winkel?

Gleichungen aufstellen und lösen – Altersrätsel

Kompetenzcheck

Ich kann …	Aufgabe	Ergebnis
… Altersrätsel mit Gleichungen lösen.	**Aufgabe 1** Stelle eine Gleichung auf und löse das Altersrätsel. Drei Brüder sind zusammen 37 Jahre alt. Florian ist 2 Jahre älter als Johannes und drei Jahre jünger als Christian. Wie alt ist jeder der drei Brüder?	→ S. 178
	Aufgabe 2 Stelle eine Gleichung auf und löse das Altersrätsel. Herr Peter ist dreimal so alt wie seine Tochter Pauline. In sechs Jahren wird er fünfmal so alt sein wie Pauline vor sechs Jahren war. Wie alt sind Herr Peter und Pauline heute?	→ S. 178

Schritt-für-Schritt-Erklärung

Bei Altersrätseln vergleichst du ähnlich wie bei den Geometrieaufgaben mehrere Angaben und setzt sie zueinander in eine Beziehung, z. B. das Alter von verschiedenen Personen oder zu unterschiedlichen Zeitpunkten.
Auch bei Altersrätseln kann dir ein **festes Vorgehen** bei der Lösung helfen.

So gehst du vor

So kannst du Altersrätsel lösen:

① **Aufgabenstellung/Problem**
Lies den Text gut durch und schreibe alle wichtigen Informationen auf. Oft hilft dir bei Altersrätseln eine Tabelle.
Führe für ein Alter eine Variable ein.

② **Mathematisches Modell**
Bei Altersrätseln brauchst du zwei Bedingungen, mit denen du eine Gleichung aufstellen kannst. Suche also aus dem Text zwei Bedingungen, die gleich sind.

③ **Mathematische Lösung**
Löse die Aufgabe rechnerisch, indem du die Gleichung löst. Dazu musst du Terme und Gleichungen umformen können.

④ **Antwort**
Überprüfe, ob die mathematische Lösung auch den Sachverhalt beschreibt. Führe dazu das Altersrätsel nochmal mit der Lösung durch.

Beispiel:
Frau Obst ist heute dreimal so alt wie ihr Sohn Julian. Vor 5 Jahren war sie viermal so alt wie Julian. Wie alt sind die beiden heute?

	heute	vor 5 Jahren
Sohn	x	$x - 5$
Mutter	$3x$	$3x - 5$

gesucht

	heute	vor 5 Jahren
Sohn	x	$x - 5$
Mutter	$3x$	$3x - 5$

„jüngstes" gesuchtes Alter

liefert Bedingungen

Wähle als Variable das „jüngste" gesuchte Alter, dann hast du in der Regel geschicktere Zahlen zum Rechnen.

Bedingung:
Mutter vor 5 Jahren = 4 · Sohn vor 5 Jahren

② Gleichung: $3x - 5 = 4(x - 5)$

③ Lösung:

$$3x - 5 = 4(x - 5) \quad | \text{ ausmultiplizieren}$$
$$3x - 5 = 4x - 20 \quad | -3x$$
$$-5 = x - 20 \quad | +20$$
$$15 = x$$

④ Der Sohn ist heute also 15 Jahre alt, die Mutter 45 Jahre.

Übungsaufgaben

Aufgabe 28 ●○○

Ordne jedem Text den zugehörigen Term zu.

a) vor fünf Jahren b) doppelt so alt c) in zwei Jahren
d) zwei Jahre älter e) halb so alt

① $x - 2$ ② $\frac{1}{2}x$ ③ $x - 5$ ④ $2x$ ⑤ $x + 2$

Aufgabe 29 ●○○

Sieben Jahre, nachdem Luise geboren wurde, ist ihr Vater fünfmal so alt wie Luise ist. Wie alt war Luises Vater bei ihrer Geburt?

Aufgabe 30 ●○○

In 34 Jahren ist Maya dreimal so alt wie sie jetzt ist. Wie alt ist Maya jetzt?

Aufgabe 31 ●○○

In 20 Jahren ist Herr Rau doppelt so alt wie er vor 12 Jahren war. Wie alt ist Herr Rau?

Aufgabe 32 ●○○

Eine Mutter ist dreimal so alt wie ihre Tochter. Der Altersunterschied beträgt 26 Jahre. Wie alt sind Mutter und Tochter?

Aufgabe 33 ●○○

In 24 Jahren ist Jenny dreimal so alt wie sie jetzt ist.

Aufgabe 34 ●○○

Tim und sein Vater sind heute zusammen 54 Jahre alt. Vor 12 Jahren war Tims Vater genau viermal so alt wie Tim. Wie alt sind Tim und sein Vater heute?

Aufgabe 35 ●○○

Die drei Geschwister Chris, Ariane und Hanna sind jeweils 3 Jahre auseinander. Chris ist der Jüngste, Hanna ist die Älteste. Sie sind zusammen 42 Jahre alt. Wie alt sind die drei Geschwister jeweils?

Aufgabe 36 ●●●

Abdul ist 17 Jahre alt, seine Mutter ist 40 Jahre alt. In wie vielen Jahren ist seine Mutter doppelt so alt wie er?

Abschlusskompetenzcheck

	Ich kann ...	✓
1	**... Muster mit Termen beschreiben.**	

1.	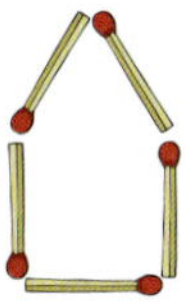
2.	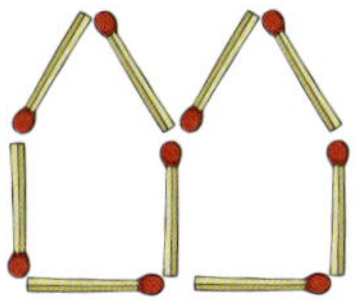
3.	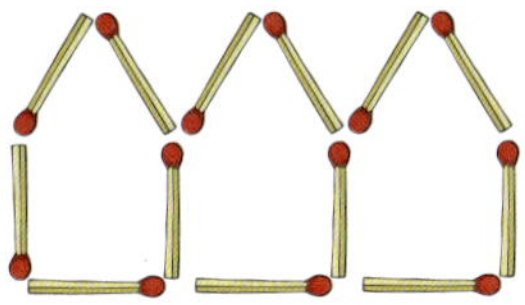
4.	
5.	

a) Setze das Muster zwei weitere Schritte fort.

b) Stelle einen Term auf, mit dem man die Anzahl der Streichhölzer in jedem x-beliebigen Schritt berechnen kann.

____

c) Wie viele Streichhölzer braucht man für den 9. Schritt?

____

d) Welcher Schritt besteht aus 65 Streichhölzern?

____

	Ich kann …	✓
2	**… Aufgaben aus dem Alltag mithilfe von Gleichungen lösen.** Stelle eine Gleichung auf und löse die Aufgabe. Der FC Bayern München hat in der Fußballbundesliga 38 Spiele gespielt. Für jeden Sieg gibt es 3 Punkte, für ein Unentschieden 1 Punkt und für eine Niederlage 0 Punkte. In dieser Saison haben sie nur 5-mal verloren und insgesamt 89 Punkte erreicht. Wie viele Spiele hat der FC Bayern gewonnen und wie oft unentschieden gespielt?	
3	**… Zahlenrätsel mit Gleichungen lösen.** Welche Gleichung passt zu welcher Aufgabe? Ergänze unten jeweils ①, ②, ③ oder ④. ① $2x - 5 = x + 19$ ② $5 \cdot (2x + 2) = x + 19$ ③ $(x - 2) \cdot 5 = 19 + 4x$ ④ $(2x + 2) : 2 = 19 - x$ a) Wenn man 2 von einer Zahl subtrahiert und das Ergebnis mit 5 multipliziert, erhält man das Gleiche, wie wenn man das Vierfache der Zahl zu 19 addiert. b) Wenn man eine Zahl mit 2 multipliziert und 5 subtrahiert, erhält man das Gleiche, wie wenn man 19 zu der Zahl addiert. c) Wenn man eine Zahl verdoppelt, 2 addiert und dann das Ergebnis durch 2 dividiert, erhält man das Gleiche, wie wenn man die Zahl von 19 subtrahiert. d) Wenn man 5 mit der Summe von dem Doppelten einer Zahl und 2 multipliziert, erhält man das Gleiche, wie wenn man 19 zu der Zahl addiert. a): ___; b): ___; c): ___; d): ___	

	Ich kann ...	✓

4 **... Aufgaben aus der Geometrie mit Gleichungen lösen.**

Löse die Aufgaben mithilfe von Gleichungen.

a) In einem Dreieck ist β 5° größer als α und γ 30° größer als die Summe von α und β. Wie groß sind die Winkel?

α = ____ ; β = ____ ; γ = ____

b) Der Flächeninhalt eines Rechtecks ist 6 cm^2.
Wie lang ist das Rechteck?

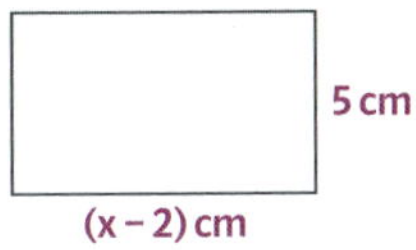

____

____

5 **... Altersrätsel mit Gleichungen lösen.**

Mutter, Vater und Sohn sind zusammen 64 Jahre alt.
Der Vater ist 5 Jahre älter als die Mutter.
Der Sohn ist 22 Jahre jünger als die Mutter.
Wie alt sind Mutter, Vater und Sohn?

Mutter: ______ Jahre

Vater: ______ Jahre

Sohn: ______ Jahre

1 Terme mit Zahlen

Kompetenzcheck
Was sind Terme?

Aufgabe 1

a) $36 + 48 - 16$
$= 84 - 16$
$= 68$

b) $48 : 4 \cdot 2$
$= 12 \cdot 2$
$= 24$

c) $52 + 6 \cdot 3$
$= 52 + 18$
$= 70$

d) $8 \cdot 5 - 2 \cdot 10$
$= 40 - 20$
$= 20$

Kompetenzcheck
Terme mit Klammern

Aufgabe 1

a) $(38 - 13) \cdot 4$
$= 25 \cdot 4$
$= 100$

b) $5 \cdot (23 - 11)$
$= 5 \cdot 12$
$= 60$

c) $8 \cdot (12 - (4 + 3))$
$= 8 \cdot (12 - 7)$
$= 8 \cdot 5$
$= 40$

d) $(21 - 6) \cdot (23 - 19)$
$= 15 \cdot 4$
$= 60$

Aufgabe 2

a) $(4 + 16) : 4 - 1 = 4$

b) $5 \cdot (4 + 6 - 3) = 35$

Kompetenzcheck
Rechenregeln bei mehrgliedrigen Termen, Rechenbäume

Aufgabe 1

a) $(25 - 10) \cdot 4$
$= 15 \cdot 4$
$= 60$

b) $(20 - (2 \cdot 5)) \cdot (88 : 8)$
$= (20 - 10) \cdot 11$
$= 10 \cdot 11$
$= 110$

Aufgabe 2

a) $(28 - 13) \cdot 6 + 10$
$= 15 \cdot 6 + 10$
$= 90 + 10$
$= 100$

b) $(39 - 27 : 3) - (11 - 6)$
$= (39 - 9) - 5$
$= 30 - 5$
$= 25$

Kompetenzcheck
Punkt- und Strichrechnungen vereinfachen – das Kommutativ- und Assoziativgesetz

Aufgabe 1

a) $34 + 78 + 66 + 12$
$= 34 + 66 + 78 + 12$
$= (34 + 66) + (78 + 12)$
$= 100 + 90$
$= 190$

b) $5 \cdot 9 \cdot 14$
$= 5 \cdot 14 \cdot 9$
$= 70 \cdot 9$
$= 630$

Kompetenzcheck
Ausklammern und Ausmultiplizieren – das Distributivgesetz

Aufgabe 1

a) $15 \cdot (20 - 3)$
$= 15 \cdot 20 - 15 \cdot 3$
$= 300 - 45$
$= 255$

b) $(48 - 16) : 4$
$= 48 : 4 - 16 : 4$
$= 12 - 4$
$= 8$

Aufgabe 2

a) $5 \cdot 3 + 5 \cdot 7$
$= 5 \cdot (3 + 7)$
$= 5 \cdot 10$
$= 50$

b) $8 \cdot 11 - 9 \cdot 8$
$= 8 \cdot (11 - 9)$
$= 8 \cdot 2$
$= 16$

Kompetenzcheck
Terme in Wortform

Aufgabe 1

a) $234 + 12 \cdot 8$
b) $(15 + 7) \cdot (36 - 27)$

Aufgabe 2

a) Produkt, Differenz, Differenz
b) Produkt, Differenz, Produkt, Produkt

Aufgabe 3

a) Addiere zu 52 die Differenz von 78 und 10.
b) Dividiere die Summe aus 43 und 17 durch die Differenz aus 20 und 8.

Kompetenzcheck
Zu Sachsituationen Zahlterme aufstellen

Aufgabe 1

Kosten für den Schulgarten:

$(6 \cdot 1{,}90 + 4 \cdot 1{,}50 + 3 \cdot 3{,}50) \cdot 4$
$= (11{,}40 + 6 + 10{,}50) \cdot 4$
$= 27{,}90 \cdot 4$
$= 111{,}60$

Die Bepflanzung des Schulgartens kostet 111,60 €.

Aufgabe 1

a) $25 + 38 - 17$
$= 63 - 17$
$= 46$

b) $72 : 9 \cdot 7$
$= 8 \cdot 7$
$= 56$

c) $23 - 13 + 44 - 15$
$= 10 + 44 - 15$
$= 54 - 15$
$= 39$

d) $5 \cdot 12 : 10$
$= 60 : 10$
$= 6$

e) $2 \cdot 3 \cdot 4 \cdot 5$
$= 6 \cdot 4 \cdot 5$
$= 24 \cdot 5$
$= 120$

f) $25 - 24 + 23 - 22$
$= 1 + 23 - 22$
$= 24 - 22$
$= 2$

Aufgabe 2

a) $30 + 25 \cdot 4$
$= 30 + 100$
$= 130$

b) $100 - 44 : 4$
$= 100 - 11$
$= 89$

c) $99 : 9 - 9$
$= 11 - 9$
$= 2$

d) $20 + 4 \cdot 5$
$= 20 + 20$
$= 40$

e) $10 \cdot 6 - 4 \cdot 3$
$= 60 - 12$
$= 48$

f) $85 - 5 \cdot 5 + 20$
$= 85 - 25 + 20$
$= 60 + 20$
$= 80$

Aufgabe 3

a) $12 + 3 \cdot 6$
$= 12 + 18$
$= 30$

b) $45 + 6 \cdot 7$
$= 45 + 42$
$= 87$

c) $16 : 4 + 3 \cdot 2$
$= 4 + 6$
$= 10$

d) $5 \cdot 16 - 21$
$= 80 - 21$
$= 59$

e) $3 + 15 - 2 \cdot 3$
$= 3 + 15 - 6$
$= 18 - 6$
$= 12$

f) $14 \cdot 2 + 7 - 3 \cdot 4$
$= 28 + 7 - 12$
$= 35 - 12$
$= 23$

Aufgabe 4

$14 + 9 \cdot 3$
$= 14 + 27$
$= 41$

$16 : 2 \cdot 5$
$= 8 \cdot 5$
$= 40$

$8 \cdot 3 + 8 \cdot 2$
$= 24 + 16$
$= 40$

$8 \cdot 7 - 5 \cdot 3$
$= 56 - 15$
$= 41$

$5 + 5 \cdot 7$
$= 5 + 35$
$= 40$

$11 \cdot 4 - 8 : 4$
$= 44 - 2$
$= 42$

Aufgabe 5

a) $8 \cdot (3 + 6)$
$= 8 \cdot 9$
$= 72$

b) $72 - (35 - 13)$
$= 72 - 22$
$= 50$

c) $182 + (43 - 13)$
$= 182 + 30$
$= 212$

d) $56 : (32 - 28)$
$= 56 : 4$
$= 14$

e) $280 - (120 - (83 - 43))$
$= 280 - (120 - 40)$
$= 280 - 80$
$= 200$

f) $(13 - 5) \cdot (11 + 2)$
$= 8 \cdot 13$
$= 104$

Aufgabe 6

a) $8 \cdot 5 - (3 \cdot 4 + 2 \cdot 8)$
$= 8 \cdot 5 - (12 + 16)$
$= 40 - 28$
$= 12$

b) $(72 : (13 - 4)) \cdot 5$
$= (72 : 9) \cdot 5$
$= 8 \cdot 5$
$= 40$

c) $(13 \cdot 6) : (46 - 7)$
$= 78 : 39$
$= 2$

d) $18 - (96 - 8 \cdot 2) : ((28 - 8) : 2)$
$= 18 - (96 - 16) : (20 : 2)$
$= 18 - 80 : 10$
$= 18 - 8$
$= 10$

e) $(14 + 6) \cdot (57 - 7) - (100 + 8 \cdot 50)$
$= 20 \cdot 50 - (100 + 400)$
$= 1000 - 500$
$= 500$

f) $(54 + 46) \cdot (36 - 9 \cdot 4)$
$= 100 \cdot (36 - 36)$
$= 100 \cdot 0$
$= 0$

Aufgabe 7

a) Hier darf man die Klammer nicht weglassen, da die Klammer um eine Differenz gesetzt ist und sich sonst die Rechenreihenfolge wegen der Regel „Punkt vor Strich" ändern würde.
b) Hier darf man die Klammer weglassen, da die Klammer um ein Produkt gesetzt ist und sich dann die Rechenreihenfolge nicht ändert.
c) Hier darf man die Klammer nicht weglassen, da die Klammer um eine Differenz gesetzt ist und sich sonst die Rechenreihenfolge wegen der Regel „Punkt vor Strich" ändern würde.
d) Hier darf man die Klammer weglassen, da die Klammer um ein Produkt gesetzt ist und sich dann die Rechenreihenfolge nicht ändert.
e) Hier darf man die Klammern weglassen, da die Klammern um ein Produkt bzw. Quotienten gesetzt sind und sich dann die Rechenreihenfolge nicht ändert.
e) Hier darf man beide Klammern weglassen, da die Klammern um ein Produkt bzw. Summe gesetzt sind und sich dann die Rechenreihenfolge nicht ändert.

Aufgabe 8

a) $(4 + 6) \cdot 5 = 50$
$= 10 \cdot 5$
$= 50$

b) $(35 - 15) : 1 + 4 = 24$
$= 20 : 1 + 4$
$= 20 + 4$
$= 24$

c) $(66 : 6) - (3 - 2) = 10$
$= 11 - 1$
$= 10$

d) $99 - (7 \cdot (2 + 5)) = 50$
$= 99 - (7 \cdot 7)$
$= 99 - 49$
$= 50$

Aufgabe 9

a) $((4 + 6) \cdot 5) - 3$
$= (10 \cdot 5) - 3$
$= 50 - 3$
$= 47$

b) $20 - (15 : (1 + 4))$
$= 20 - (15 : 5)$
$= 20 - 3$
$= 17$

c) $72 : (9 - 3 - 2)$
$= 72 : 4$
$= 18$

d) $66 : (11 - 5 \cdot 2)$
$= 66 : (11 - 10)$
$= 66 : 1$
$= 66$

Aufgabe 10

a) $4 + 6 \cdot (5 - 3)$
$= 4 + 6 \cdot 2$
$= 4 + 12$
$= 16$

b) $(20 - 15) : (1 + 4)$
$= 5 : 5$
$= 1$

c) $(72 : 9) - 3 - 2$
$= 8 - 3 - 2$
$= 5 - 2$
$= 3$

d) $66 : 11 - 5 \cdot 2$
$= 6 - 10$
$= -4$

oder $(66 : 11 - 5) \cdot 2$
$= (6 - 5) \cdot 2$
$= 1 \cdot 2$
$= 2$
(wenn du negative Zahlen nicht kennst)

Aufgabe 11

a) 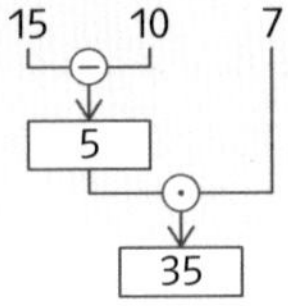

$(15 - 10) \cdot 7 = 35$

b) 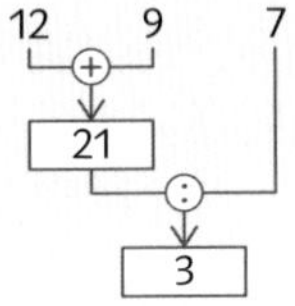

$(12 + 9) : 7 = 3$

c) 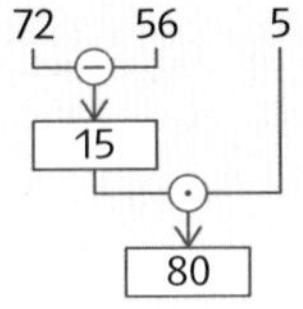

$(72 - 56) \cdot 5 = 80$

d) 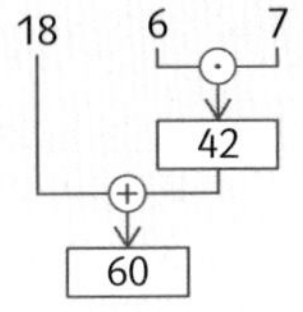

$18 + 6 \cdot 7 = 60$

Aufgabe 12

a) 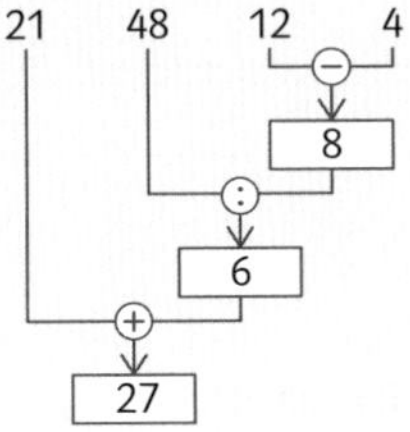

$21 + 48 : (12 - 4) = 27$

b) 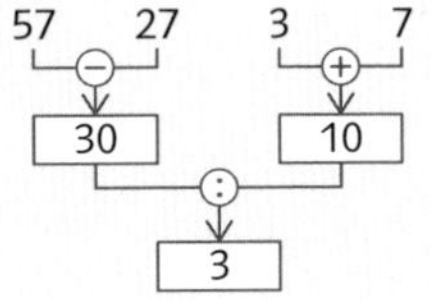

$(57 - 27) : (3 + 7) = 3$

c) 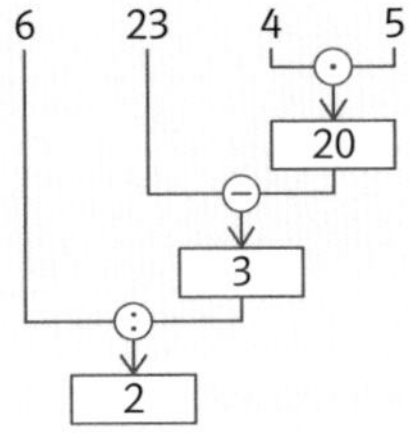

$6 : (23 - 4 \cdot 5) = 2$

d) 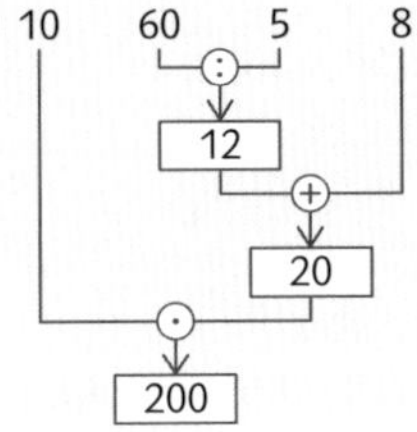

$10 \cdot (60 : 5 + 8) = 200$

Aufgabe 13

a) 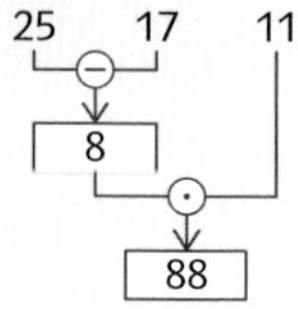

b) 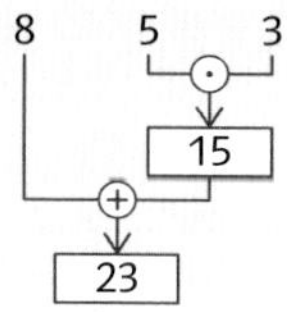

c) 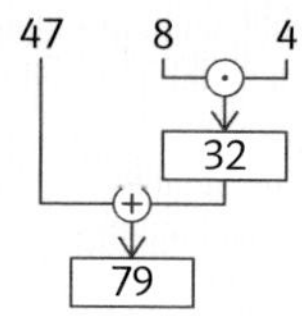

d) 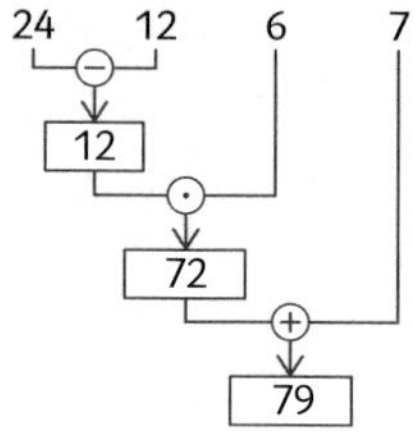

e) 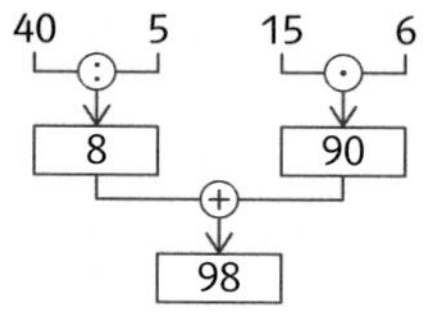

f) 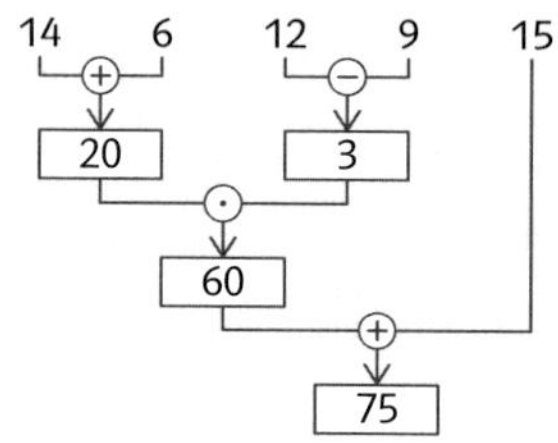

Aufgabe 14

a) 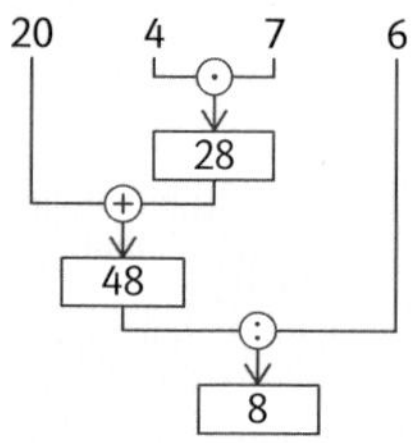

b) 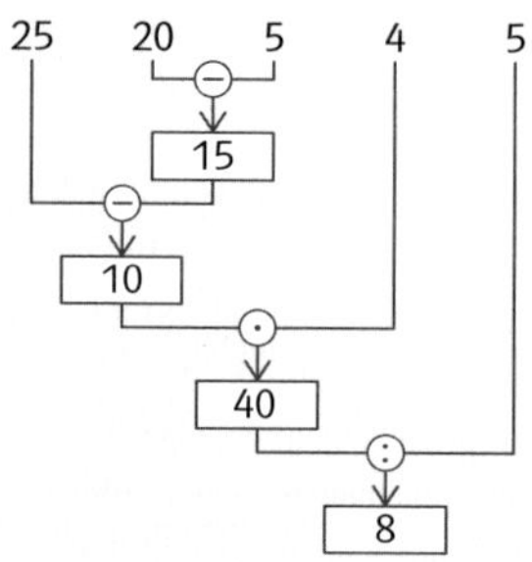

c) 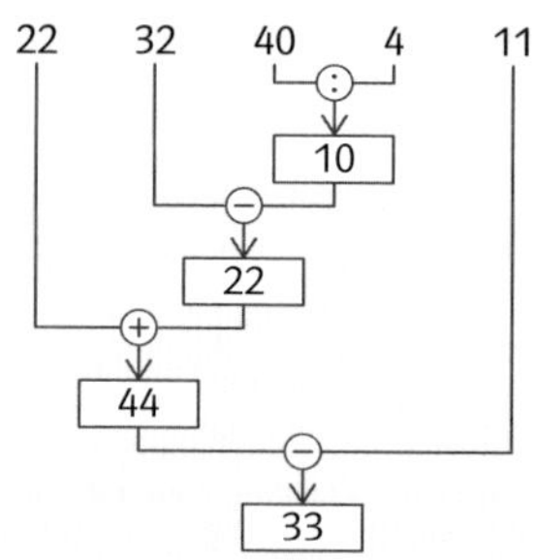

d) 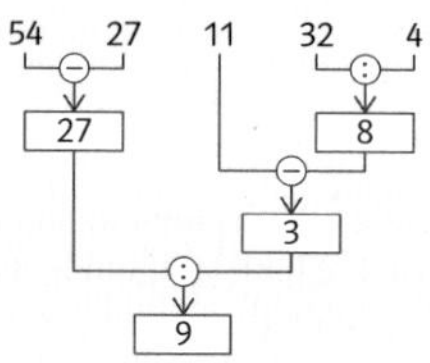

e) 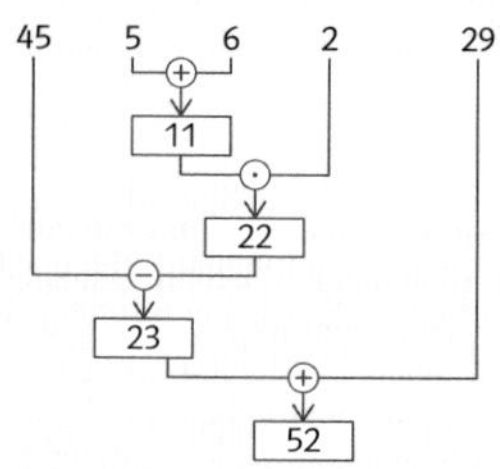

f) 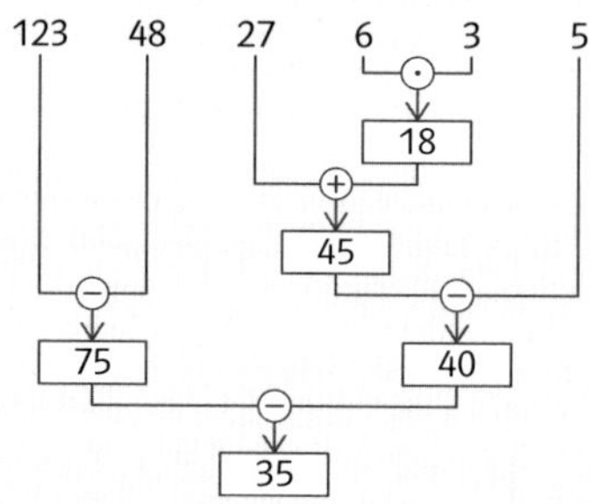

Aufgabe 15

a) $(63 - 59) \cdot (72 : 8)$ | Klammern zuerst
$= 4 \cdot 9$
$= 36$

b) $25 + 5 - (45 : 3)$ | Klammer zuerst
$= 25 + 5 - 15$ | von links nach rechts
$= 30 - 15$
$= 15$

c) $72 + (52 - 5 \cdot 8)$ | Punkt vor Strich in Klammer
$= 72 + (52 - 40)$ | Klammer
$= 72 + 12$
$= 84$

Aufgabe 16

a) $6 \cdot (24 - 4) + 35$ | Klammer zuerst
$= 6 \cdot 20 + 35$ | Punkt vor Strich
$= 120 + 35$
$= 155$

b) $(12 \cdot 6) - (20 - 5) \cdot 2$ | Klammern zuerst
$= 72 - 15 \cdot 2$ | Punkt vor Strich
$= 72 - 30$
$= 42$

c) $24 - (5 \cdot (6 + 7) - 50)$ | innere Klammer zuerst
$= 24 - (5 \cdot 13 - 50)$ | Punkt vor Strich in Klammer
$= 24 - (65 - 50)$ | Klammer
$= 24 - 15$
$= 9$

Aufgabe 17

a) $24 + (55 + 45)$
$= 24 + 100$
$= 124$

b) $(37 + 163) + 17$
$= 200 + 17$
$= 217$

c) $21 + 32 + 79$
$= (21 + 79) + 32$
$= 100 + 32$
$= 132$

d) $146 + 24 + 54$
$= 146 + 54 + 24$
$= (146 + 54) + 24$
$= 200 + 24$
$= 224$

Aufgabe 18

a) $13 + 87 + 44 + 86$
$= (13 + 87) + (44 + 86)$
$= 100 + 130$
$= 230$

b) $(72 + 28) + (24 + 26)$
$= 100 + 50$
$= 150$

c) $56 + 44 + 123 + 77$
$= (56 + 44) + (123 + 77)$
$= 100 + 200$
$= 300$

d) $65 + 35 + 55 + 45$
$= (65 + 35) + (55 + 45)$
$= 100 + 100$
$= 200$

Aufgabe 19

a) nicht vorteilhaft
$75 + 25 + 12$
$= 100 + 12$
$= 112$

b) vorteilhaft

c) vorteilhaft

d) nicht vorteilhaft
$25 + (68 + 32)$
$= 25 + 100$
$= 125$

Aufgabe 20

a) $5 \cdot 2 \cdot 17$
$= 10 \cdot 17$
$= 170$

b) $12 \cdot (8 \cdot 5)$
$= 12 \cdot 40$
$= 480$

c) $25 \cdot 4 \cdot 9$
$= 100 \cdot 9$
$= 900$

d) $5 \cdot 14 \cdot 3$
$= 70 \cdot 3$
$= 210$

Aufgabe 21

a) $2 \cdot 50 \cdot 3 \cdot 4$
$= (2 \cdot 50) \cdot (3 \cdot 4)$
$= 100 \cdot 12$
$= 1200$

b) $4 \cdot 25 \cdot 5 \cdot 20$
$= (4 \cdot 25) \cdot (5 \cdot 20)$
$= 100 \cdot 100$
$= 10\,000$

c) $2 \cdot 2 \cdot 25 \cdot 13$
$= 4 \cdot 25 \cdot 13$
$= 100 \cdot 13$
$= 1300$

d) $5 \cdot 20 \cdot 4 \cdot 7$
$= (5 \cdot 20) \cdot (4 \cdot 7)$
$= 100 \cdot 28$
$= 2800$

Aufgabe 22

a) $17 \cdot (20 - 1)$
$= 17 \cdot \mathbf{20} - 17 \cdot \mathbf{1}$
$= 340 - 17$
$= 323$

b) $35 \cdot (10 + 2)$
$= 35 \cdot \mathbf{10} + 35 \cdot \mathbf{2}$
$= 350 + 70$
$= 420$

c) $9 \cdot (30 + 7)$
$= 9 \cdot \mathbf{30} + 9 \cdot \mathbf{7}$
$= 270 + 63$
$= 333$

d) $(30 + 8) \cdot 12$
$= 30 \cdot \mathbf{12} + \mathbf{8} \cdot 12$
$= 360 + 96$
$= 456$

Aufgabe 23

a) $5 \cdot (20 + 8)$
$= 5 \cdot 20 + 5 \cdot 8$
$= 100 + 40$
$= 140$

b) $4 \cdot (15 + 9)$
$= 4 \cdot 15 + 4 \cdot 9$
$= 60 + 36$
$= 96$

c) $8 \cdot (20 - 3)$
$= 8 \cdot 20 - 8 \cdot 3$
$= 160 - 24$
$= 136$

d) $9 \cdot (20 - 5)$
$= 9 \cdot 20 - 9 \cdot 5$
$= 180 - 45$
$= 135$

Aufgabe 24

a) $(20 + 7) \cdot 3$
$= 20 \cdot 3 + 7 \cdot 3$
$= 60 + 21$
$= 81$

b) $(30 - 7) \cdot 9$
$= 30 \cdot 9 - 7 \cdot 9$
$= 270 - 63$
$= 207$

c) $(36 + 44) : 4$
$= 36 : 4 + 44 : 4$
$= 9 + 11$
$= 20$

d) $(99 - 36) : 9$
$= 99 : 9 - 36 : 9$
$= 11 - 4$
$= 7$

Aufgabe 25

a) $23 \cdot 21$
$= 23 \cdot (20 + 1)$
$= 23 \cdot 20 + 23 \cdot 1$
$= 460 + 23$
$= 483$

b) $18 \cdot 19$
$= 18 \cdot (20 - 1)$
$= 18 \cdot 20 - 18 \cdot 1$
$= 360 - 18$
$= 342$

c) $17 \cdot 32$
$= 17 \cdot (30 + 2)$
$= 17 \cdot 30 + 17 \cdot 2$
$= 510 + 34$
$= 544$

d) $25 \cdot 12$
$= 25 \cdot 10 + 25 \cdot 2$
$= 250 + 50$
$= 300$

e) $12 \cdot 28$
$= 12 \cdot (30 - 2)$
$= 12 \cdot 30 - 12 \cdot 2$
$= 360 - 24$
$= 336$

f) $14 \cdot 18$
$= 14 \cdot (20 - 2)$
$= 14 \cdot 20 - 14 \cdot 2$
$= 280 - 28$
$= 252$

Aufgabe 26

a) $3 \cdot 3 + 3 \cdot 7$
$= 3 \cdot (3 + 7)$
$= 3 \cdot 10$
$= 30$

b) $4 \cdot 9 + 4 \cdot 11$
$= 4 \cdot (9 + 11)$
$= 4 \cdot 20$
$= 80$

c) $5 \cdot 24 + 5 \cdot 6$
$= 5 \cdot (24 + 6)$
$= 5 \cdot 30$
$= 150$

d) $8 \cdot 13 + 8 \cdot 17$
$= 8 \cdot (13 + 17)$
$= 8 \cdot 30$
$= 240$

Aufgabe 27

a) $5 \cdot 28 - 5 \cdot 18$
$= 5 \cdot (28 - 18)$
$= 5 \cdot 10$
$= 50$

b) $8 \cdot 33 - 13 \cdot 8$
$= 8 \cdot (33 - 13)$
$= 8 \cdot 20$
$= 160$

c) $84 : 4 - 24 : 4$
$= (84 - 24) : 4$
$= 60 : 4$
$= 15$

d) $35 : 5 - 25 : 5$
$= (35 - 25) : 5$
$= 10 : 5$
$= 2$

Aufgabe 28

a) $4 \cdot (25 + 7)$ | Klammer zuerst
$= 4 \cdot 32$
$= 128$

$4 \cdot (25 + 7)$ | ausmultiplizieren
$= 4 \cdot 25 + 4 \cdot 7$
$= 100 + 28$
$= 128$

b) $5 \cdot (30 - 7)$ | Klammer zuerst
$= 5 \cdot 23$
$= 115$

$5 \cdot (30 - 7)$ | ausmultiplizieren
$= 5 \cdot 30 - 5 \cdot 7$
$= 150 - 35$
$= 115$

c) $7 \cdot (38 - 18)$ | Klammer zuerst
$= 7 \cdot 20$
$= 140$

$7 \cdot (38 - 18)$ | ausmultiplizieren
$= 7 \cdot 38 - 7 \cdot 18$
$= 266 - 126$
$= 140$

d) $(42 + 66) : 6$ | Klammer zuerst
$= 108 : 6$
$= 18$

$(42 + 66) : 6$ | ausmultiplizieren
$= 42 : 6 + 66 : 6$
$= 7 + 11$
$= 18$

Aufgabe 29

a) $6 \cdot 13 + 6 \cdot 7$ | Punkt vor Strich
$= 78 + 42$
$= 120$

$6 \cdot 13 + 6 \cdot 7$ | ausklammern
$= 6 \cdot (13 + 7)$
$= 6 \cdot 20$
$= 120$

b) $96 : 4 - 16 : 4$ | Punkt vor Strich
$= 24 - 4$
$= 20$

$96 : 4 - 16 : 4$ | ausklammern
$= (96 - 16) : 4$
$= 80 : 4$
$= 20$

c) $8 \cdot 5 + 8 \cdot 11$ | Punkt vor Strich
$= 40 + 88$
$= 128$

$8 \cdot 5 + 8 \cdot 11$ | ausklammern
$= 8 \cdot (5 + 11)$
$= 8 \cdot 16$
$= 128$

Aufgabe 30

Zusammen gehören

a) ③ b) ⑤ c) ① d) ② e) ④

Aufgabe 31

a) $123 + 12 \cdot 3$
$= 123 + 36$
$= 159$

b) $38 + 29 - 21$
$= 67 - 21$
$= 46$

c) $(35 - 25) \cdot 15$
$= 10 \cdot 15$
$= 150$

d) $15 \cdot 5 : 3$
$= 75 : 3$
$= 25$

e) $(13 - 5) \cdot (8 + 7)$
$= 8 \cdot 15$
$= 120$

f) $(14 \cdot 2) + (7 - 3) \cdot 4$
$= 28 + 4 \cdot 4$
$= 28 + 16$
$= 44$

Aufgabe 32

a) Subtrahiere 20 vom Produkt aus 15 und 4.
$(15 \cdot 4) - 20$
$= 15 \cdot 4 - 20$
$= 60 - 20$
$= 40$

b) Multipliziere die Differenz von 32 und 7 mit 5.
$(32 - 7) \cdot 5$
$= 25 \cdot 5$
$= 125$

c) Multipliziere 8 mit der Summe aus 9 und 11.
$8 \cdot (9 + 11)$
$= 8 \cdot 20$
$= 160$

d) Dividiere die Differenz von 60 und 12 durch das Produkt aus 8 und 2.
$(60 - 12) : (8 \cdot 2)$
$= 48 : 16$
$= 3$

Aufgabe 33

a) Addiere zu 161 das Produkt aus 17 und 7.
$161 + 17 \cdot 7$
$= 161 + 119$
$= 280$

b) Subtrahiere 11 vom Quotienten aus 64 und 4.
$64 : 4 - 11$
$= 16 - 11$
$= 5$

c) Multipliziere die Differenz aus 48 und 8 mit der Differenz aus 27 und 7.
$(48 - 8) \cdot (27 - 7)$
$= 40 \cdot 20$
$= 800$

d) Multipliziere die Summe aus 4 und 6 mit 3 und subtrahiere davon 5.
$(4 + 6) \cdot 3 - 5$
$= 10 \cdot 3 - 5$
$= 30 - 5$
$= 25$

Aufgabe 34

a) $78 - 15 \cdot 4$

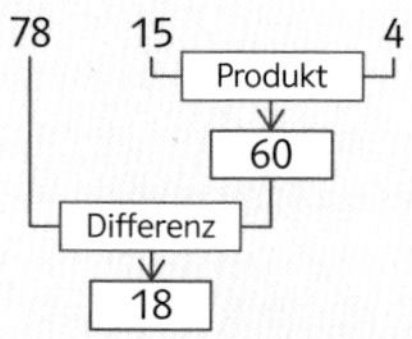

Der Term ist eine Differenz.

b) $25 + (12 + 3 \cdot 6) : 6$

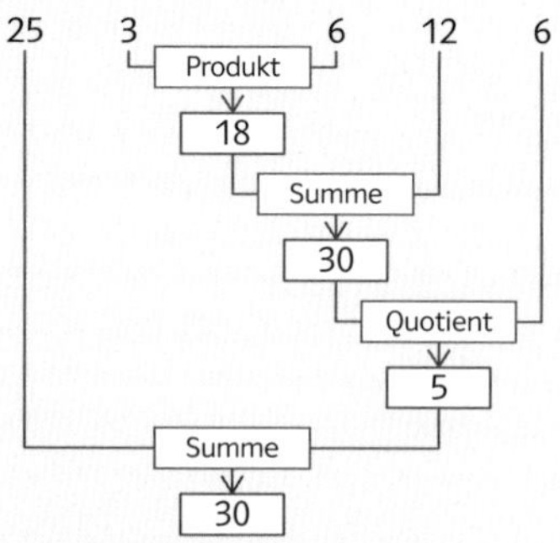

Der Term ist eine Summe.

c) $(64 - 6 \cdot 4) \cdot (15 : 3)$

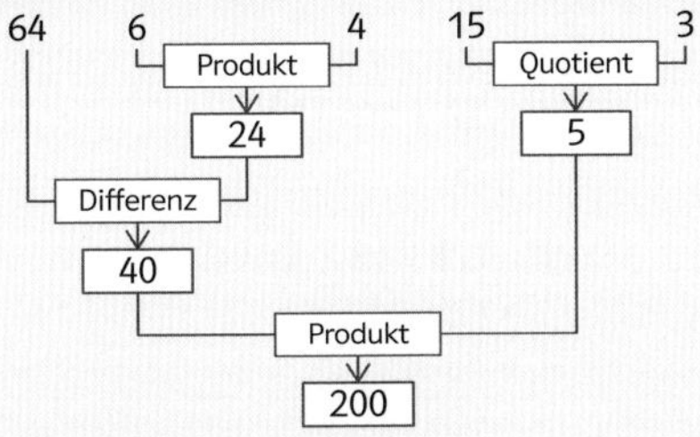

Der Term ist ein Produkt.

d) $72 : (16 + (32 - 6 \cdot 4))$

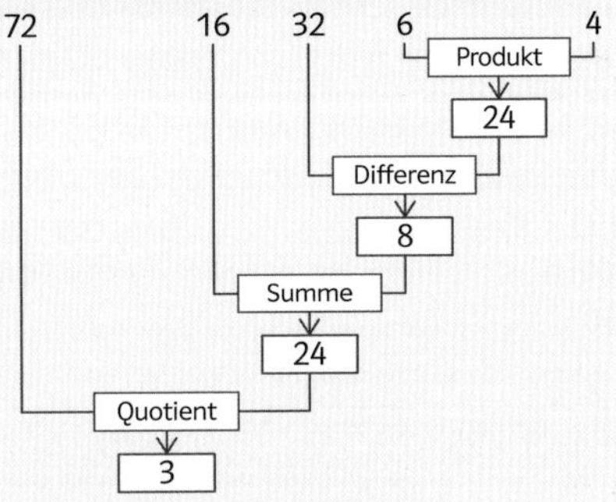

Der Term ist ein Quotient.

Aufgabe 35

Kosten der Kreuzfahrt: $549\,€ \cdot 2 + 199\,€ \cdot 2 + 7 \cdot 2 \cdot 12\,€ + 7 \cdot 2 \cdot 8\,€$
$= 1098\,€ + 398\,€ + 168\,€ + 112\,€$
$= 1776\,€$

Die Kreuzfahrt kostet insgesamt 1776 €.

Aufgabe 36

Anzahl der Kinder: $642 - 642 : 2 - 642 : 3$
$= 642 - 321 - 214$
$= 107$

Es waren 107 Kinder in dem Konzert.

Aufgabe 37

Anzahl der Reihen: $24 \cdot 15 : 12$
$= 360 : 12$
$= 30$

Wenn in jeder Reihe nur 12 Stühle stehen, gibt es 30 Reihen.

Aufgabe 38

Einnahmen: $200 \cdot 7\,€ + 100 \cdot 8\,€$
$= 1400\,€ + 800\,€$
$= 2200\,€$

Die Einnahmen betragen dann 2200 €.

	Lösung
1	a) $24 + 2 \cdot 8 = 24 + 16 = 40$ b) $12 \cdot 5 - 81 : 9 = 60 - 9 = 51$ c) $15 \cdot 2 + 10 - 4 \cdot 5 = 30 + 10 - 20 = 20$
2	a) $(23 - 8) \cdot 6 = 15 \cdot 6 = 90$ b) $(49 \cdot 2) : (18 - 4) = 98 : 14 = 7$ c) $(28 - (8 + 5)) \cdot 4 = (28 - 13) \cdot 4 = 15 \cdot 4 = 60$
3	a) $5 + 4 \cdot (3 + 2) = 25$ b) $(6 - 5) \cdot 4 + 3 - 2 = 5$
4	$(16 + 7) \cdot (19 - 14) = 23 \cdot 5 = 115$
5	a) 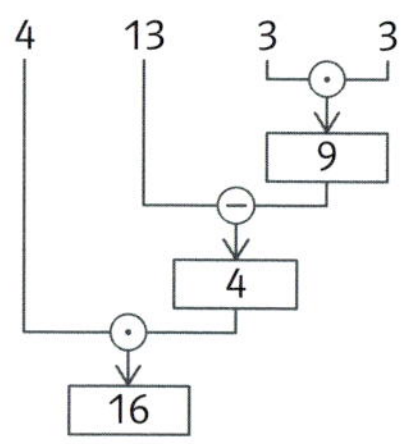 b) 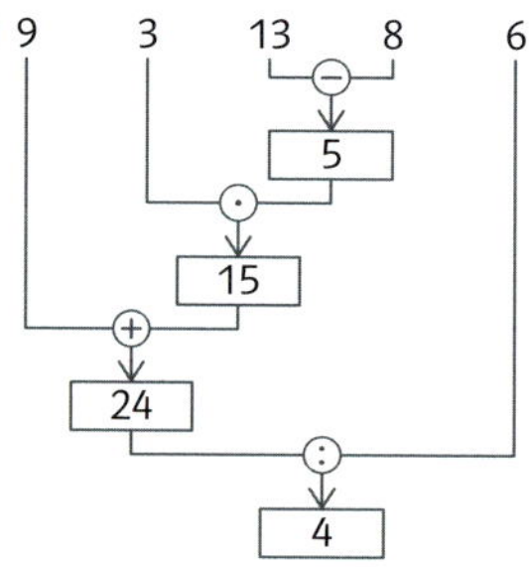
6	a) $56 + 36 + 44 + 14 = 56 + 44 + 36 + 14 = (56 + 44) + (36 + 14) = 100 + 50 = 150$ b) $8 \cdot 7 \cdot 5 = 8 \cdot 5 \cdot 7 = 40 \cdot 7 = 280$
7	a) $12 \cdot (20 - 4) = 12 \cdot 20 - 12 \cdot 4 = 240 - 48 = 192$ b) $(40 - 8) : 4 = 40 : 4 - 8 : 4 = 10 - 2 = 8$
8	a) $3 \cdot 6 - 3 \cdot 4 = 3 \cdot (6 - 4) = 3 \cdot 2 = 6$ b) $36 : 9 - 27 : 9 = (36 - 27) : 9 = 9 : 9 = 1$
9	☒ $5 \cdot (24 + 8)$ ☐ $13 \cdot (29 - 9)$ ☒ $(72 + 56) : 8$ ☐ $5 \cdot 12 + 5 \cdot 6$ ☒ $9 \cdot 22 + 8 \cdot 9$
10	a) $234 + 12 \cdot 8$ b) $(81 + 63) : (33 - 29)$
11	a) Subtrahiere den Quotienten von 48 und 8 von 76. b) Subtrahiere die Summe von 33 und 19 vom Produkt aus 18 und 7.

Lösung

12 a)

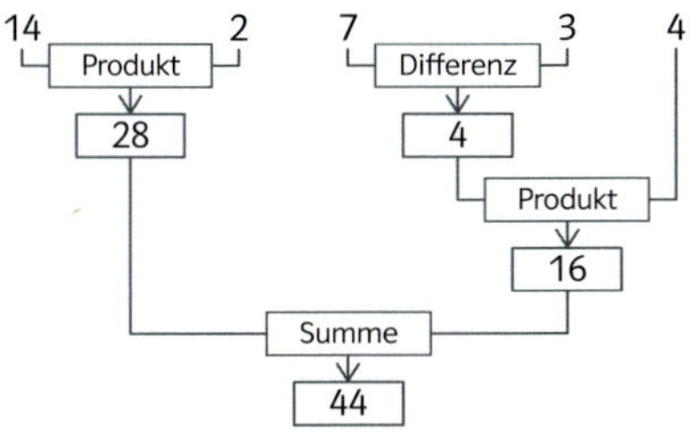

Der Term ist eine Summe.

b)

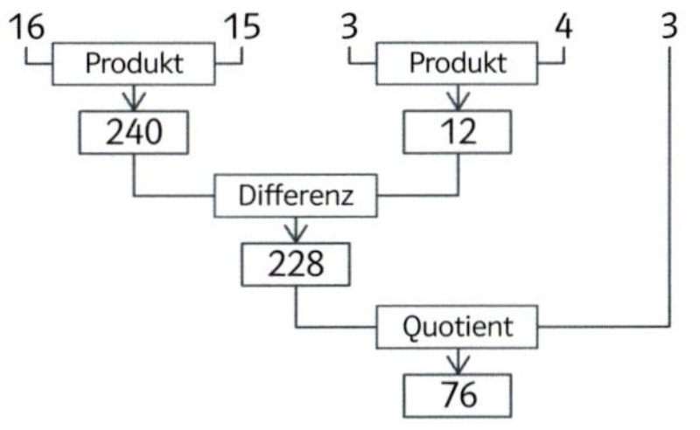

Der Term ist ein Quotient.

13 Kosten für Hefte: $8 \cdot 40\,ct + 6 \cdot 70\,ct + 5 \cdot 30\,ct$
$= 320\,ct + 420\,ct + 150\,ct$
$= 890\,ct$

Rückgeld: 10 € − 8,90 € = 1,10 €

Abdul bekommt 1,10 € Rückgeld.

2 x-beliebig – Terme mit Variablen

Kompetenzcheck
Was sind Variablen

Aufgabe1

a) $5 \cdot 3 - 2 = 15 - 2 = 13$

b) $2 \cdot (-1 - 3) = 2 \cdot (-4) = -8$

c) $2 \cdot 4 + 3 \cdot 4 \cdot 2 = 8 + 24 = 32$

Kompetenzcheck
Gleiches zusammenfassen – Addition und Subtraktion gleichartiger Terme

Aufgabe 1

a) $7 + a + 13 + a = 2a + 20$

b) $6x + 16x - y + y = 22x$

c) $2xy + 4x - x + 3xy = 3x + 5xy$

Kompetenzcheck
Terme multiplizieren

Aufgabe 1

a) $3 \cdot 4x = 12x$

b) $5 \cdot (-6x^2) = -30x^2$

c) $3xy \cdot \left(-\frac{2}{3}\right) = -2xy$

Aufgabe 2

a) $x \cdot 3x = 3x^2$

b) $-y \cdot 2xy = -2xy^2$

c) $a^2 \cdot 4a^3 = 4a^5$

Aufgabe 3

a) $5x \cdot 2y = 10xy$

b) $-2x \cdot 3xy = -6x^2y$

c) $0{,}2a \cdot (-10)a^2 = -2a^3$

Kompetenzcheck
Ausmultiplizieren – Terme mit Klammern vereinfachen

Aufgabe 1

a) $3 \cdot (x - 5) = 3x - 15$

b) $(2x - 2) \cdot 5 = 10x - 10$

c) $4x(2x - y) = 8x^2 - 4xy$

d) $(6x - 3y) : 3 = 2x - y$

Aufgabe 2

a) $-(x - 2) = -x + 2$

b) $-(-2x - 3y) = 2x + 3y$

c) $-3(-2x + 9) = 6x - 27$

Kompetenzcheck
Ausklammern – Aus einer Summe ein Produkt machen

Aufgabe 1

a) $10a - 5 = 5(2a - 1)$

b) $-3xy + 6y = -3y(x - 2) = 3y(-x + 2)$

c) $2x^2 - x^2y = x^2(2 - y)$

d) $4a + 2b = 2(2a + b)$

Kompetenzcheck
Zwei Klammern miteinander multiplizieren

Aufgabe 1

a) $(x + 3)(x + 4)$
$= x^2 + 7x + 12$

b) $(2x + 1)(x - 3)$
$= 2x^2 - 5x - 3$

c) $\left(5a - \frac{1}{2}\right)(4 - 2a)$
$= -10a^2 + 21a - 2$

Kompetenzcheck
Binomische Formeln

Aufgabe 1

a) $(3x + y)^2$ | 1. binomische Formel
$= 9x^2 + 6xy + y^2$

b) $(2x + 5)(2x - 5)$ | 3. binomische Formel
$= 4x^2 - 25$

c) $\left(\frac{1}{2}a - 4b\right)^2$ | 2. binomische Formel
$= \frac{1}{4}a^2 - 4ab + 16b^2$

Kompetenzcheck
Aus einer Summe ein Produkt machen – die binomischen Formeln rückwärts anwenden

Aufgabe 1

a) $9a^2 - 36 = (3a + 6)(3a - 6)$

b) $x^2 - 6xy + 9y^2 = (x - 3y)^2$

c) $4a^2 + 20a + 25 = (2a + 5)^2$

Aufgabe 2

a) $a^2 + 12a + 36 = (a + 6)^2$

b) $49 - t^2 = (7 + t)(7 - t)$

c) $4x^2 - 28xy + 49y^2 = (2x - 7y)^2$

Kompetenzchecks
Gleichwertige Terme

Aufgabe 1

a) $-(3x^2 + 3x) - 4x(3 - x)$
$= -3x^2 - 3x - 12x + 4x^2$
$= x^2 - 15x$

b) $(4x - y)(y - x) + (2x + y)^2$
$= 4xy - 4x^2 - y^2 + xy + 4x^2 + 4xy + y^2$
$= 9xy$

Aufgabe 2

a) $25a^2 + 30ab + 9b^2$
$= (5a + 3b)^2$

b) $5x^2 + 10xy + 5y^2$
$= 5(x^2 + 2xy + y^2)$
$= 5(x + y)^2$

Aufgabe 3

$(4x - 6y)^2 = 16x^2 - 48xy + 36y^2$
$4(4x^2 - 9y^2) = 16x^2 - 36y^2$
$2x(8x - 24y) = 16x^2 - 48xy$
$16x^2 - 36y^2$
$16x^2 - 48xy$
$16x^2 - 48xy + 36y^2$

Aufgabe 1

a) $3 + 5 = 8$

b) $4 \cdot 3 = 12$

c) $3^2 - 3 \cdot 3 = 9 - 9 = 0$

d) $3^2 + 3 = 9 + 3 = 12$

e) $3 + 6 : 3 = 3 + 2 = 5$

f) $5 \cdot 3 : 3 - 2 = 15 : 3 - 2 = 3$

Aufgabe 2

a) $-2 + 6 = 4$

b) $3 \cdot (-2) = -6$

c) $2 \cdot (-2) + 4 = -4 + 4 = 0$

d) $-2 - 10 = -12$

e) $(-2)^2 - 1 = 4 - 1 = 3$

f) $2 \cdot (-2 + 1) = 2 \cdot (-1) = -2$

Aufgabe 3

a)

x	y	$3 \cdot x - x \cdot y$
0	1	$3 \cdot 0 - 0 \cdot 1 = 0$
1	0	$3 \cdot 1 - 1 \cdot 0 = 3$
1	2	$3 \cdot 1 - 1 \cdot 2 = 1$
−1	1	$3 \cdot (-1) - (-1) \cdot 1 = -2$
2	$\frac{1}{2}$	$3 \cdot 2 - 2 \cdot \frac{1}{2} = 5$
−0,5	1,2	$3 \cdot (-0{,}5) - (-0{,}5) \cdot 1{,}2$ $= -1{,}5 + 0{,}6 = -0{,}9$

b)

a	b	$a \cdot (4 - b)$
0	1	$0 \cdot (4 - 1) = 0$
1	0	$1 \cdot (4 - 0) = 4$
1	2	$1 \cdot (4 - 2) = 2$
−1	1	$-1 \cdot (4 - 1) = -3$
2	$\frac{1}{2}$	$2 \cdot \left(4 - \frac{1}{2}\right) = 7$
−0,5	1,2	$-0{,}5 \cdot (4 - 1{,}2) = -1{,}4$

Aufgabe 4

a)

x	y	$2 \cdot x^2 - 4 \cdot y$
0	1	$2 \cdot 0^2 - 4 \cdot 1 = -4$
1	0	$2 \cdot 1^2 - 4 \cdot 0 = 2$
1	2	$2 \cdot 1^2 - 4 \cdot 2 = -6$
−1	1	$2 \cdot (-1)^2 - 4 \cdot 1 = -2$
2	$\frac{1}{2}$	$2 \cdot 2^2 - 4 \cdot \frac{1}{2} = 6$
−0,5	1,2	$2 \cdot \left(-\frac{1}{2}\right)^2 - 4 \cdot 1{,}2 = 0{,}5 - 4{,}8$ $= -4{,}3$

b)

a	b	$(8 - x) \cdot 3y - 5$
0	1	$(8 - 0) \cdot 3 \cdot 1 - 5 = 19$
1	0	$(8 - 1) \cdot 3 \cdot 0 - 5 = -5$
1	2	$(8 - 1) \cdot 3 \cdot 2 - 5 = 37$
−1	1	$(8 - (-1)) \cdot 3 \cdot 1 - 5 = 22$
2	$\frac{1}{2}$	$(8 - 2) \cdot 3 \cdot \frac{1}{2} - 5 = 4$
−0,5	1,2	$(8 - (-0{,}5)) \cdot 3 \cdot 1{,}2 - 5 = 25{,}6$

Aufgabe 5

	Term 1	Term 2
☒	$11x$	$7x$
☐	$9x^2$	$3x$
☒	$15ab$	$\frac{3}{4}ab$
☒	$-2t^2$	t^2
☒	xy	yx
☐	$3x^2$	$3x^3$

Aufgabe 6

a) $x + x + x + x = 4x$

b) $a + a + a + a + a + a + a = 7a$

c) $m + m - m + m - m = m$

Aufgabe 7

a) $8x + 12x = 20x$

b) $9y + y = 10y$

c) $18z - 13z = 5z$

d) $9a + 2a - 5a = 6a$

e) $3x^2 + 7x^2 - 4x^2 = 6x^2$

f) $13b + 7b - 20b = 0$

Aufgabe 8

a) $0{,}4x + 1{,}6x = 2x$

b) $2{,}3y + y = 3{,}3y$

c) $5{,}2z - 1{,}7z = 3{,}5z$

d) $\frac{3}{4}a + a - \frac{1}{2}a = 1\frac{1}{4}a$

e) $\frac{3}{4}x^2 - \frac{1}{8}x^2 - \frac{1}{2}x^2 = \frac{1}{8}x^2$

f) $3{,}5b - 1{,}7b + 2{,}5b = 4{,}3b$

Aufgabe 9

a) $4a + 5b + 6a = 10a + 5b$

b) $2x + 5y + 7y + x = 3x + 12y$

c) $5m + 5m + n = 10m + n$

d) $3x + 8y - 3x + y = 9y$

e) $6a + 7b - 5a - 6b = a + b$

f) $9x + y + 4y = 9x + 5y$

g) $2xy + 3 + 3xy - 2 = 5xy + 1$

h) $7x^2 - 3x + 5x^2 + 6x = 12x^2 + 3x$

i) $10uv - 2v + 4v - 8uv = 2uv + 2v$

Aufgabe 10

a) $1{,}2 + x - 0{,}8 + x = 2x + 0{,}4$

b) $2{,}6a + 1{,}6a - b + 1{,}5b = 4{,}2a + 0{,}5b$

c) $4{,}3x + 2{,}7y - 1{,}3x - 0{,}5y = 3x + 2{,}2y$

d) $5{,}2x^2 - 3{,}7 + 8{,}7 - 4{,}2x^2 = x^2 + 5$

e) $1{,}6x + 9{,}7y + z - 5{,}3y + 9{,}8z = 1{,}6x + 4{,}4y + 10{,}8z$

f) $4{,}5x + 2{,}4 + 3{,}1y - 4{,}5x + 1{,}9y = 5y + 2{,}4$

Aufgabe 11

a) $5x = x + 4x = 2x + 3x$
b) $8xy = 7xy + xy = 5xy + 3xy$
c) $12x^2 = 10x^2 + 2x^2 = 4x^2 + 8x^2$

Wichtig ist, dass bei dieser Aufgabe die Summe der Koeffizienten (Zahlen) richtig gerechnet werden.

Aufgabe 12

a) $5 \cdot 2x = 10x$
b) $3x \cdot 4 = 12x$
c) $12a \cdot 4 = 48a$
d) $7 \cdot 8s = 56s$
e) $5x \cdot 9 \cdot 6 = 270x$
f) $3 \cdot 2x \cdot 15 = 90x$

Aufgabe 13

a) $\frac{1}{4} \cdot 8x = 2x$
b) $\frac{1}{2}x \cdot \frac{4}{3} = \frac{2}{3}x$
c) $2 \cdot 4\frac{1}{2}a \cdot 5 = 45a$
d) $0{,}2 \cdot 10a = 2a$
e) $0{,}3x \cdot 1{,}2 = 0{,}36x$
f) $0{,}5 \cdot 4x \cdot 0{,}5 = x$

Aufgabe 14

a) $-4 \cdot 5x^2 = -20x^2$
b) $-3 \cdot 5xy \cdot (-2) = 30xy$
c) $5a \cdot (-12) = -60a$
d) $-24x \cdot \frac{1}{4} = -6x$
e) $\frac{1}{2} \cdot (-4a) \cdot (-0{,}2) = 0{,}4a$
f) $-0{,}25 \cdot s \cdot (-12) = 3s$

Aufgabe 15

a) $x \cdot x \cdot x \cdot x = x^4$
b) $y \cdot 4y = 4y^2$
c) $a \cdot 2a^3 = 2a^4$
d) $x^2 \cdot x^3 = x^5$
e) $2xy \cdot x^2y = 2x^3y^2$
f) $4a^3 \cdot ab^2 = 4a^4b^2$

Aufgabe 16

a) $5x \cdot xy = 5x^2y$
b) $15a \cdot 4a^2 = 60a^3$
c) $25s \cdot 4st \cdot 5 = 500s^2t$
d) $3x^3 \cdot 4x^3 \cdot 5y = 60x^6y$
e) $5ab \cdot 4ab = 20a^2b^2$
f) $2x^3y \cdot 3x^2y^2 \cdot 4xy^3 = 24x^6y^6$

Aufgabe 17

a) $2{,}5x \cdot (-2)xy \cdot \frac{1}{5}y^2 = -x^2y^3$
b) $8ab \cdot \frac{1}{2}ab \cdot 5ab = 20a^3b^3$
c) $6s \cdot 4st \cdot 5t^2 = 120s^2t^3$
d) $2x \cdot (-3)y \cdot \frac{1}{3}z = -2xyz$
e) $4x^3y \cdot (-2)xy^2 \cdot \frac{1}{8}xy^2 = -x^5y^5$
f) $0{,}8a \cdot 3ab \cdot 0{,}5b = 1{,}2a^2b^2$

Aufgabe 18

a) $2(x + 4) = 2x + 8$
b) $7(a + 2) = 7a + 14$
c) $(2x + 1) \cdot 3 = 6x + 3$
d) $5(3x - 1) = 15x - 5$
e) $(a + 2b) \cdot 4 = 4a + 8b$
f) $6(2x - 2y) = 12x - 12y$

Aufgabe 19

a) $x(x + 4) = x^2 + 4x$
b) $a(a - 1) = a^2 - a$
c) $(1 - 2u) \cdot u = u - 2u^2$
d) $2x(5 - x) = 10x - 2x^2$
e) $(2a - b) \cdot a = 2a^2 - ab$
f) $3s(2s - t) = 6s^2 - 3st$

Aufgabe 20

a) $2{,}5(8x - 4y) = 20x - 10y$
b) $\frac{1}{4}x(2x - 6) = \frac{1}{2}x^2 - \frac{3}{2}x$
c) $-2a\left(\frac{1}{4}a - b\right) = -\frac{1}{2}a^2 + 2ab$
d) $(12x - 8y) : 4 = 3x - 2y$
e) $(1{,}2a^2 - 3a) \cdot 0{,}5 = 0{,}6a^2 - \frac{3}{2}a$
f) $\left(\frac{3}{4}x - \frac{6}{5}\right) : 3 = \frac{1}{4}x - \frac{2}{5}$

Aufgabe 21

a) $-(x - 2) = -x + 2$
b) $-(-2a - 1) = 2a + 1$
c) $-(1 - 2s) = -1 + 2s$
d) $-(-5 - x) = 5 + x$
e) $-(2a - b + 3c) = -2a + b - 3c$
f) $-(-r + 2s - t) = r - 2s + t$

Aufgabe 22

a) $-(x - 5) + 7x$
$= -x + 5 + 7x = 6x + 5$

b) $-(-2a - 1) - (a - 2)$
$= 2a + 1 - a + 2 = a + 3$

c) $-(1 - 2s) - (s - 3)$
$= -1 + 2s - s + 3 = s + 2$

d) $-(-2 - x) - (1 - 3x)$
$= 2 + x - 1 + 3x = 4x + 1$

e) $-(-2a - b + 3c) - (b + 3c)$
$= 2a + b - 3c - b - 3c = 2a - 6c$

f) $-(-r + 2s - t) - (t - 3s)$
$= r - 2s + t - t + 3s = r + s$

Aufgabe 23

a) $6(x + 1) + 2(x - 3)$
$= 6x + 6 + 2x - 6$
$= 8x$

b) $3(2x + 4) + 4(x - 2)$
$= 6x + 12 + 4x - 8$
$= 10x + 4$

c) $7(2x - 1) + 2(2x + 2)$
$= 14x - 7 + 4x + 4$
$= 18x - 3$

d) $6(x + y + 1) + 2(x - y - 2)$
$= 6x + 6y + 6 + 2x - 2y - 4$
$= 8x + 4y + 2$

e) $3(a + 2b - 3) + 2(b - a)$
$= 3a + 6b - 9 + 2b - 2a$
$= a + 8b - 9$

f) $2x(x + 3y - 4) + 5(x^2 - xy + 2x)$
$= 2x^2 + 6xy - 8x + 5x^2 - 5xy + 10x$
$= 7x^2 + xy + 2x$

Aufgabe 24

a) $3(x+3) - 2(x+1)$
$= 3x + 9 - 2x - 2$
$= x + 7$

b) $4(x-y) - 3(x-2y)$
$= 4x - 4y - 3x + 6y$
$= x + 2y$

c) $2(a+1) - (a-2)$
$= 2a + 2 - a + 2$
$= a + 4$

d) $-4(-2x-y) - 2(x-y)$
$= 8x + 4y - 2x + 2y$
$= 6x + 6y$

e) $5(a+3b) - (2a+b)$
$= 5a + 15b - 2a - b$
$= 3a + 14b$

f) $-5(-a+b) - 3(a-2b)$
$= 5a - 5b - 3a + 6b$
$= 2a + b$

Aufgabe 25

a) $3(x+1) = 3x + 3$
b) $5(3a-2) = 15a - 10$
c) $4(2x-3y) = 8x - 12y$
d) $3(4-3x) = 12 - 9x$
e) $5(2x+6) = 10x + 30$
f) $-4(-2x-7) = 8x + 28$

Aufgabe 26

Zum Beispiel:
a) $3(x-2) + 2(x+1) = 5x - 4$
b) $5(x+3) - 3(x+2) = 2x + 9$
c) $3(2x-1) + (x+13) = 7x + 10$

Aufgabe 27

a) $9x + 3 = 3(3x+1)$
b) $10a + 15 = 5(2a+3)$
c) $12x - 15 = 3(4x + (-5))$
d) $18 - 9x = 9(2-x)$
e) $8s - 16t = 8(s + (-2t))$
f) $-a - 6 = -(a+6)$

Aufgabe 28

a) $3x^2 + 2x = x(3x+2)$
b) $5a^2 - 10ab = 5a(a-2b)$
c) $6ab + 12b^2 = 6b(a+2b)$
d) $20x^3 + 50x^2 = 10x^2(2x+5)$
e) $18x^2 + 12x = 6x(3x+2)$
f) $xy - 2xy^2 = xy(1-2y)$

Aufgabe 29

a) $3x + 12 = 3(x+4)$
b) $15s - 25 = 5(3s-5)$
c) $7a + 7b = 7(a+b)$
d) $21a - 7 = 7(3a-1)$
e) $6x - 9y = 3(2x-3y)$
f) $2 + 6s = 2(1+3s)$

Aufgabe 30

a) $5x^2 + 8x = x(5x+8)$
b) $2a^2 - a = a(2a-1)$
c) $8xy + 10y = 2y(4x+5)$
d) $20a + 12ab = 4a(5+3b)$
e) $9xyz - 15xy^2 = 3xy(3z-5y)$
f) $12a^3 - 18a^2 = 6a^2(2a-3)$

Aufgabe 31

a) $4a + 8b - 12c = 4(a + 2b - 3c)$

b) $3x^2 - 3xy - 6x = 3x(x - y - 2)$

c) $20x^2y + 15xy^2 - 5xy = 5xy(4x + 3y - 1)$

d) $81a^3b - 18a^2b + 9ab = 9ab(9a^2 - 2a + 1)$

e) $20x^2y^2 - 5xy - 10xy^2 = 5xy(4xy - 1 - 2y)$

f) $24a^2b^2 + 18a^3b - 30a^4b^3 = 6a^2b(4b + 3a - 5a^2b^2)$

Aufgabe 32

a) $-\frac{1}{2}x + \frac{1}{4} = -\frac{1}{2}\left(x - \frac{1}{2}\right)$

b) $\frac{1}{2}a - ab = a\left(\frac{1}{2} - b\right)$

c) $\frac{1}{3}st - \frac{1}{3}t^2 = \frac{1}{3}t(s - t)$

d) $\frac{1}{5}x^2 + \frac{1}{10}x = \frac{1}{5}x(x + \frac{1}{2})$

e) $\frac{3}{2}a^3 + \frac{1}{4}a^2 - \frac{3}{4}a = \frac{3}{2}a\left(a^2 + \frac{1}{6}a - \frac{1}{2}\right)$

f) $\frac{1}{6}x^2y - \frac{5}{6}xy + \frac{1}{2}x = \frac{1}{6}x(xy - 5y + 3)$

Aufgabe 33

a) $12b - 9ab = 3b(4 - 3a)$

b) $-4x + 12 = -4(x - 3)$

c) $-xy - 8x = -x(y + 8)$

d) $-10a^2 + 20ab = -10a(a - 2b)$

Aufgabe 34

a) $(x + 3)(y - 5)$
$= -5x + xy + 3y - 15$

b) $(s - t)(t - 1)$
$= -s + st - t^2 + t$

c) $(x - 4)(2x + 4)$
$= 2x^2 - 4x - 16$

d) $(2m + 3)(m - 4)$
$= 2m^2 - 5m - 12$

e) $(3a + b)(2a + 4b)$
$= 6a^2 + 14ab + 4b^2$

f) $(x - 3y)(3y + x)$
$= x^2 - 9y^2$

Aufgabe 35

Bei dieser Aufgabe geht es vor allem auch darum, dass du mit Brüchen rechnen kannst.

a) $\left(\frac{1}{2}x + 1\right)\left(2x - \frac{1}{4}\right)$
$= x^2 + \frac{15}{8}x - \frac{1}{4}$

b) $\left(2s - \frac{1}{2}\right)\left(\frac{1}{4}s + 3\right)$
$= \frac{1}{2}s^2 + 5\frac{7}{8}s - \frac{3}{2}$

c) $\left(5a - \frac{1}{2}\right)\left(\frac{4}{5} - \frac{1}{2}a\right)$
$= -\frac{5}{2}a^2 + 4\frac{1}{4}a - \frac{2}{5}$

d) $\left(\frac{1}{4}x - 4\right)\left(2x - \frac{1}{2}\right)$
$= \frac{1}{2}x^2 - 8\frac{1}{8}x + 2$

e) $\left(\frac{2}{3}x - \frac{3}{2}y\right)\left(\frac{3}{4}x + \frac{1}{2}y\right)$
$= \frac{1}{2}x^2 + \frac{1}{3}xy - \frac{9}{8}xy - \frac{3}{4}y^2$
$= \frac{1}{2}x^2 - \frac{19}{24}xy - \frac{3}{4}y^2$

f) $\left(\frac{3}{8}a + 2b\right)\left(4a - \frac{2}{3}b\right)$
$= \frac{3}{2}a^2 + 7\frac{3}{4}ab - \frac{4}{3}b^2$

Aufgabe 36

a) $(2a - b)(a + b)$
$= 2a^2 + ab - b^2$

b) $(12 - 3x)(x + 3)$
$= -3x^2 + 3x + 36$

c) $(2x - 3)(x + 4)$
$= 2x^2 + 5x - 12$

d) $(-3a - 2b)(2a + 3b)$
$= -6a^2 - 13ab - 6b^2$

Aufgabe 37

a) $(x+3)(2x+y-2)$
$= 2x^2 + xy - 2x + 6x + 3y - 6$
$= 2x^2 + 4x + xy + 3y - 6$

b) $(a-b)(a+b-5)$
$= a^2 + ab - 5a - ab - b^2 + 5b$
$= a^2 - 5a - b^2 + 5b$

c) $(2x-y)(x+3y-2)$
$= 2x^2 + 6xy - 4x - xy - 3y^2 + 2y$
$= 2x^2 - 4x + 5xy - 3y^2 + 2y$

Aufgabe 38

a) $(x+y)^2 = x^2 + 2xy + y^2$

b) $(x+1)^2 = x^2 + 2x + 1$

c) $(2a+1)^2 = 4a^2 + 4a + 1$

d) $(3x+2)^2 = 9x^2 + 12x + 4$

e) $(4+s)^2 = 16 + 8s + s^2$

f) $\left(\frac{1}{2}x + 2y\right)^2 = \frac{1}{4}x^2 + 2xy + 4y^2$

Aufgabe 39

a) $(x-y)^2 = x^2 - 2xy + y^2$

b) $(x-2)^2 = x^2 - 4x + 4$

c) $(3a-2)^2 = 9a^2 - 12a + 4$

d) $(4x-3)^2 = 16x^2 - 24x + 9$

e) $(5-s)^2 = 25 - 10s + s^2$

f) $\left(\frac{1}{4}x - 2y\right)^2 = \frac{1}{16}x^2 - xy + 4y^2$

Aufgabe 40

a) $(x+y)(x-y)$
$= x^2 - y^2$

b) $(x+2)(x-2)$
$= x^2 - 4$

c) $(3a+2)(3a-2)$
$= 9a^2 - 4$

d) $(4x+3)(4x-3)$
$= 16x^2 - 9$

e) $(5+s)(5-s)$
$= 25 - s^2$

f) $\left(\frac{1}{4}x + 2y\right)\left(\frac{1}{4}x - 2y\right)$
$= \frac{1}{16}x^2 - 4y^2$

Aufgabe 41

a) $(3x+2)^2$ | 1. bin. Formel
$= 9x^2 + 12x + 4$

b) $(2a-4)^2$ | 2. bin. Formel
$= 4a^2 - 16a + 16$

c) $(5s+3)^2$ | 1. bin. Formel
$= 25s^2 + 30s + 9$

d) $(2a+3)(2a-3)$ | 3. bin. Formel
$= 4a^2 - 9$

e) $\left(\frac{1}{3}x - 2y\right)^2$ | 2. bin. Formel
$= \frac{1}{9}x^2 - \frac{4}{3}xy + 4y^2$

f) $(0{,}5a - 6b)^2$ | 2. bin. Formel
$= 0{,}25a^2 - 6ab + 36b^2$

g) $(3x+2y)(3x-2y)$ | 3. bin. Formel
$= 9x^2 - 4y^2$

h) $\left(\frac{1}{2}a + \frac{1}{3}b\right)^2$ | 1. bin. Formel
$= \frac{1}{4}a^2 + \frac{1}{3}ab + \frac{1}{9}b^2$

i) $\left(\frac{1}{2}s + \frac{1}{3}t\right)\left(\frac{1}{2}s - \frac{1}{3}t\right)$ | 3. bin. Formel
$= \frac{1}{4}s^2 - \frac{1}{9}t^2$

Aufgabe 42

a) $(a+6)^2 = a^2 + 12a + 36$

b) $(x-5)^2 = x^2 - 10x + 25$

c) $(s+4)^2 = s^2 + 8s + 16$

d) $\left(x - \frac{1}{2}\right)^2 = x^2 - x + \frac{1}{4}$

e) $(2a - 3b)^2 = 4a^2 - 12ab + 9b^2$

f) $(3x - 4y)^2 = 9x^2 - 24xy + 16y^2$

Aufgabe 43

Tipp: Wende die binomischen Formeln rückwärts an; wie das geht, kannst du im nächsten Kapitel nachlesen.

a) $x^2 + 6x + 3^2$
$= x^2 + 6x + 9$

b) $a^2 - 12a + 6^2$
$= a^2 - 12a + 36$

c) $u^2 + 14u + 7^2$
$= u^2 + 14u + 49$

d) $a^2 - 22ab + (11b)^2$
$= a^2 - 22ab + 121b^2$

e) $x^2 + 20xy + (10y)^2$
$= x^2 + 20xy + 100y^2$

f) $s^2 - 9st + (4{,}5t)^2$
$= s^2 - 9st + 20{,}25t^2$

g) $4a^2 + 24a + 6^2$
$= 4a^2 + 24a + 36$

h) $\frac{1}{4}x^2 - 4xy + (4y)^2$
$= \frac{1}{4}x^2 - 4xy + 16y^2$

i) $4s^2 - 2st + \left(\frac{1}{2}t\right)^2$
$= 4s^2 - 2st + \frac{1}{4}t^2$

Aufgabe 44

☐ $(3x + 2y)(3x - 2)$

☒ $(3x + 2y)(3x - 2y)$ mit der 3. bin. Formel

☐ $(3x + 2y)(2x - 3)$

☒ $(3x + 2y)(3x + 2y)$ mit der 1. bin. Formel

☐ $(3y + 2x)(3x + 3y)$

☒ $(3x + 2y)(2y + 3x)$ mit der 1. bin. Formel, denn $(3x + 2y)(2y + 3x) = (3x + 2y)(3x + 2y)$

☒ $(3x + 2y)(2y - 3x)$ mit der 2. bin. Formel, denn $(3x + 2y)(2y - 3x) = (2y + 3x)(2y - 3x)$

Aufgabe 45

Hier musst du verschiedene Rechengesetze anwenden.

a) $(x+4)^2 - x^2$
$= x^2 + 8x + 16 - x^2$
$= 8x + 16$

b) $(a-3)^2 - a(a+5)$
$= a^2 - 6a + 9 - a^2 - 5a$
$= -11a + 9$

c) $(x+5)^2 - (x-4)^2$
$= x^2 + 10x + 25 - (x^2 - 8x + 16)$
$= x^2 + 10x + 25 - x^2 + 8x - 16$
$= 18x + 9$

d) $(2a+b)^2 - (a+b)(a-b)$
$= 4a^2 + 4ab + b^2 - (a^2 - b^2)$
$= 4a^2 + 4ab + b^2 - a^2 + b^2$
$= 3a^2 + 4ab + 2b^2$

Aufgabe 46

☒ $24^2 = (20 + 4)^2 = 400 + 16 + 160 = 576$

☒ $19 \cdot 21 = (20 - 1)(20 + 1) = 400 - 1 = 399$

☒ $28^2 = (30 - 2)^2 = 900 + 4 - 120 = 784$

☐ $33 \cdot 28$

☒ $24 \cdot 16 = (20 + 4)(20 - 4) = 400 - 16 = 384$

☐ $28 \cdot 38$

Aufgabe 47

a) 21^2
$= (20 + 1)^2$
$= 400 + 40 + 1$
$= 441$

b) 27^2
$= (30 - 3)^2$
$= 900 - 180 + 9$
$= 729$

c) 16^2
$= (20 - 4)^2$
$= 400 - 160 + 16$
$= 256$

d) 33^2
$= (30 + 3)^2$
$= 900 + 180 + 9$
$= 1089$

e) 35^2
$= (30 + 5)^2$
$= 900 + 300 + 25$
$= 1225$

f) 49^2
$= (50 - 1)^2$
$= 2500 - 100 + 1$
$= 2401$

Aufgabe 48

a) $18 \cdot 22$
$= (20 - 2)(20 + 2)$
$= 400 - 4$
$= 396$

b) $13 \cdot 27$
$= (20 - 7)(20 + 7)$
$= 400 - 49$
$= 351$

c) $24 \cdot 36$
$= (30 - 6)(30 + 6)$
$= 900 - 36$
$= 864$

d) $15 \cdot 25$
$= (20 - 5)(20 + 5)$
$= 400 - 25$
$= 375$

e) $29 \cdot 31$
$= (30 - 1)(30 + 1)$
$= 900 - 1$
$= 899$

f) $37 \cdot 43$
$= (40 - 3)(40 + 3)$
$= 1600 - 9$
$= 1591$

Aufgabe 49

a) $a^2 - 10a + 25$
$= (a - 5)^2$

b) $x^2 + 8x + 16$
$= (x + 4)^2$

c) $144 - a^2$
$= (12 + a)(12 - a)$

d) $16a^2 - 40a + 25$
$= (4a - 5)^2$

e) $x^2 + 2xy + y^2$
$= (x + y)^2$

f) $81s^2 - 16t^2$
$= (9s + 4t)(9s - 4t)$

Aufgabe 50

a) $x^2 - 16x + 64$
$= (x - 8)^2$

b) $x^2 + 6x + 9$
$= (x + 3)^2$

c) $x^2 + 18x + 81$
$= (x + 9)^2$

d) $a^2 - 64$
$= (a - 8)(a + 8)$

e) $s^2 - 6st + 9t^2$
$= (s - 3t)^2$

f) $x^2 - 14x + 49$
$= (x - 7)^2$

g) $x^2 + 9x + 20{,}25$
$= (x + 4{,}5)^2$

h) $x^2 + x + 0{,}25$
$= \left(x + \frac{1}{2}\right)^2$

i) $x^2 - 5x + 6{,}25$
$= (x - 2{,}5)^2$

Aufgabe 51

a) $16x^2 - 81$
$= (4x + 9)(4x - 9)$

b) $4a^2 + 4ab + b^2$
$= (2a + b)^2$

c) $25 - 40s + 16s^2$
$= (5 - 4s)^2$

d) $49x^2 + 28xy + 4y^2$
$= (7x + 2y)^2$

e) $9x^2 - 25y^2$
$= (3x + 5y)(3x - 5y)$

f) $16a^2 - 80ab + 100b^2$
$= (4a - 10b)^2$

g) $64a^2 - \frac{1}{4}b^2$
$= \left(8a + \frac{1}{2}b\right)\left(8a - \frac{1}{2}b\right)$

h) $36x^2 - 60xy + 25y^2$
$= (6x - 5y)^2$

i) $9x^2 + 25y^2 - 30xy$
$= (3x - 5y)^2$

Aufgabe 52

a) $x^2 + 2xy + y^2$
$= (x + y)^2$

b) $a^2 + 10ab + 25b^2$
$= (a + 5b)^2$

c) $4x^2 + 16xy + 16y^2$
$= (2x + 4y)^2$

d) $9a^2 - \frac{1}{4}b^2$
$= \left(3a + \frac{1}{2}b\right)\left(3a - \frac{1}{2}b\right)$

Aufgabe 53

a) $a^2 - 2ab + b^2 = (a - b)^2$

b) $x^2 - 6xy + 9y^2 = (x - 3y)^2$

c) $4a^2 + 20ab + 25b^2 = (4a + 5b)^2$

d) $x^2 + x + \frac{1}{4} = \left(x + \frac{1}{2}\right)^2$

e) $16a^2 + 8ab + b^2 = (4a + b)^2$

f) $81x^2 - 9xy + \frac{1}{4}y^2 = \left(9x + \frac{1}{2}y\right)^2$

Aufgabe 54

a) $3(2x + 1) - (5x + 3)$
$= 6x + 3 - 5x - 3$
$= x$

b) $(2a - b)^2 - a(a - 4b)$
$= 4a^2 - 4ab + b^2 - a^2 + 4ab$
$= 3a^2 + b^2$

c) $(s + t)(2s - 2t)$
$= 2s^2 - 2st + 2st - 2t^2$
$= 2s^2 - 2t^2$

d) $(2a + 3)(3a - 2) - (5a - 6)$
$= 6a^2 - 4a + 9a^2 - 6 - 5a + 6$
$= 15a^2 - 9a$

e) $(x - 5)(x + 5) - (x - 6)^2$
$= x^2 - 25 - (x^2 - 12x + 36)$
$= x^2 - 25 - x^2 + 12x - 36$
$= 12x - 61$

f) $(10a + 2b)(10a - 2b) + 4b^2$
$= 100a^2 - 4b^2 + 4b^2$
$= 100a^2$

Aufgabe 55

$(2x - 4y)(2x + 4y) = 4x^2 - 16y^2$

$4x(x - 4y) = 4x^2 - 16xy$

$(2x - 4y)^2 = 4x^2 - 16xy + 16y^2$

Aufgabe 56

Term 1	Term 2	ja	nein	Begründung / Gegenbeispiel
$(3x + 4)^2$	$9x^2 + 16$	☐	☒	$x = 1$: $7^2 = 49 \neq 25$ oder $(3x + 4)^2 = 9x^2 + 24x + 16$
$7(2x - 1) - 4x$	$10x - 7$	☒	☐	$14x - 7 - 4x = 10x - 7$
$(x - 5)^2 - (x - 4)^2$	$-2x + 9$	☒	☐	$x^2 - 10x + 25 - x^2 + 8x - 16 = -2x + 9$
$5x^2y - 4\left(x^2 - \frac{1}{4}y\right)$	$4x^2y$	☐	☒	$x = 1$; $y = 1$ $5 - 3 = 2 \neq 4$ oder $5x^2y - 4x^2 + y \neq 4x^2y$

Lösungen zum Abschlusskompetenzcheck

	Lösung		
1	a) $4 \cdot 5 - 3$ $= 20 - 3$ $= 17$	b) $5 \cdot (-2 - 2)$ $= 5 \cdot (-4)$ $= -20$	c) $3 \cdot 3 + 4 \cdot 3 \cdot 2$ $= 9 + 24$ $= 33$
2	a) $1 - 8a + 2 - 13a$ $= -21a + 3$	b) $x + 2y + 3x + 4y$ $= 4x + 6y$	c) $5xy - 2x + 3 + 6y - 4xy$ $= -2x + xy + 6y + 3$
3	a) $5 \cdot 4x$ $= 20x$	b) $x^2 \cdot 2x^4$ $= 2x^6$	c) $-4x^2 \cdot 5x$ $= -20x^3$
4	a) $2 \cdot (x + 3)$ $= 2x + 6$ d) $(16x - 8y) : 4$ $= 4x - 2y$	b) $(3x - 2) \cdot 4$ $= 12x - 8$	c) $3x(x - 2y)$ $= 3x^2 - 6xy$
5	a) $-(x - 3)$ $= -x + 3$	b) $-(-3x - 2y)$ $= 3x + 2y$	c) $-3(-4x + 5)$ $12x - 15$
6	a) $20a - 4$ $= 4(5a - 1)$ d) $6a + 3b$ $= 3(2a + b)$	b) $-5xy + 10y$ $= -5y(x - 2) = 5y(-x + 2)$	c) $3x^2 - x^2y$ $= x^2(3 - y)$
7	a) $(x + 4)(x + 5)$ $= x^2 + 9x + 20$	b) $(x + 1)(2x - 2)$ $= 2x^2 - 2$	c) $\left(4a - \frac{1}{2}\right)(2 - a)$ $= 8a - 4a^2 - 1 + \frac{1}{2}a$ $= -4a^2 + 8\frac{1}{2}a - 1$
8	a) $(4x + y)^2$ $= 16x^2 + 8xy + y^2$	b) $(2x + 3)(2x - 3)$ $= 4x^2 - 9$	c) $\left(\frac{1}{2}a - 6b\right)^2$ $= \frac{1}{4}a^2 - 6ab + 36b^2$
9	a) $25x^2 - 9$ $= (5x - 3)(5x + 3)$	b) $a^2 - 8ab + 16b^2$ $= (a - 4b)^2$	c) $\frac{1}{4}x^2 + 3xy + 9y^2$ $= \left(\frac{1}{2}x + 3y\right)^2$
10	a) $-(2x^2 + 3x) - 4x(5 - x)$ $= -2x^2 - 3x - 20x + 4x^2$ $= \quad 2x^2 - 23x$	b) $(2x - y)(y - x) + (x + y)^2$ $= 2xy - 2x^2 - y^2 + xy + x^2 + 2xy + y^2$ $= -x^2 + 5xy$	
11	a) $9a^2 + 30ab + 25b^2$ $= (3a + 5b)^2$	b) $3x^2 + 6xy + 3y^2$ $= 3(x^2 + 2xy + y^2)$ $= 3(x + y)^2$	

3 Gleichungen mit einer Variablen

Kompetenzcheck
Was sind Gleichungen – Grundaufgaben

Aufgabe 1

a) $7x - 1 = -8 \quad | +1$
$7x = -8 + 1 \quad |$ zusammenfassen
$7x = -7 \quad | :7$
$x = -1$
$L = \{-1\}$

b) $9 = 4x + 1 \quad | -1$
$8 = 4x \quad | :4$
$2 = x$
$L = \{2\}$

c) $3x + 2 = -1 \quad | -2$
$3x = -1 - 2 \quad |$ zusammenfassen
$3x = -3 \quad | :3$
$x = -1$
$L = \{-1\}$

d) $16x + 9 = 12x - 3 \quad | -12x$
$16x - 12x + 9 = -3 \quad |$ zusammenfassen
$4x + 9 = -3 \quad | -9$
$4x = -3 - 9$
$4x = -12 \quad | :4$
$x = -3$
$L = \{-3\}$

Kompetenzcheck
Gleichungen mit Brüchen

Aufgabe 1

a) $\frac{1}{7}x = -2 \quad | \cdot 7$
$x = -14$
$L = \{-14\}$

b) $\frac{x}{2} + 3 = 7 \quad | -3$
$\frac{x}{2} = 4 \quad | \cdot 2$
$x = 8$
$L = \{8\}$

c) $x - 3 = \frac{1}{2}x - 2 \quad | -\frac{1}{2}x$
$\frac{1}{2}x - 3 = -2 \quad | +3$
$\frac{1}{2}x = 1 \quad | \cdot 2$
$x = 2$
$L = \{2\}$

d) $6 + \frac{x}{3} = 10 \quad | -6$
$\frac{x}{3} = 4 \quad | \cdot 3$
$x = 12$
$L = \{12\}$

Kompetenzcheck
Gleichungen, in denen die Variable mehrfach vorkommt

Aufgabe 1

a)
$$6x - 10 + 8x = 11 + 7x \quad | \text{ zusammenfassen}$$
$$14x - 10 = 11 + 7x \quad | -7x$$
$$7x - 10 = 11 \quad | +10$$
$$7x = 21 \quad | :7$$
$$x = 3$$
$L = \{3\}$

b)
$$6x - 2 - 2x + 2 = 2x + 5 - 3x \quad | \text{ zusammenfassen}$$
$$4x = -x + 5 \quad | +x$$
$$5x = 5 \quad | :5$$
$$x = 1$$
$L = \{1\}$

c)
$$2x + 6 - 6x - 3 = -9x - 11 + x + 2 \quad | \text{ zusammenfassen}$$
$$-4x + 3 = -8x - 9 \quad | +8x$$
$$4x + 3 = -9 \quad | -3$$
$$4x = -12 \quad | :4$$
$$x = -3$$
$L = \{-3\}$

Kompetenzcheck
Gleichungen mit Klammern lösen

Aufgabe 1

a)
$$4(x - 3) = 8 \quad | \text{ ausmultiplizieren}$$
$$4x - 12 = 8 \quad | +12$$
$$4x = 20 \quad | :4$$
$$x = 5$$
$L = \{5\}$

b)
$$8(x - 3) = 2x \quad | \text{ ausmultiplizieren}$$
$$8x - 24 = 2x \quad | -2x$$
$$6x - 24 = 0 \quad | +24$$
$$6x = 24 \quad | :6$$
$$x = 4$$
$L = \{4\}$

c)
$$2 - (3 - x) = 0 \quad | \text{ Minusklammer auflösen}$$
$$2 - 3 + x = 0 \quad | \text{ zusammenfassen}$$
$$-1 + x = 0 \quad | +1$$
$$x = 1$$
$L = \{1\}$

d)
$$3(x + 4) = 2(x + 5) \quad | \text{ ausmultiplizieren}$$
$$3x + 12 = 2x + 10 \quad | -2x$$
$$x + 12 = 10 \quad | -12$$
$$x = -2$$
$L = \{-2\}$

Kompetenzcheck
Bruchgleichungen – Gleichungen, bei denen die Variable auch im Nenner steht

Aufgabe 1

a) $\frac{x}{4} = \frac{5}{2} \quad | \cdot 4$

$x = \frac{20}{2} = 10$

$L = \{10\}$

b) $\frac{x}{5} = \frac{2}{3} \quad | \cdot 5$

$x = \frac{10}{3}$

$L = \left\{\frac{10}{3}\right\}$

c) $x - \frac{1}{2}x = 1 \quad |$ zusammenfassen

$\frac{1}{2}x = 1 \quad | \cdot 2$

$x = 2$

$L = \{2\}$

Aufgabe 2

a) $\frac{2}{x} - 2 = 1 \quad | +2$

$\frac{2}{x} = 3 \quad | \cdot x$

$2 = 3x \quad | : 3$

$x = \frac{2}{3}$

$L = \left\{\frac{2}{3}\right\}$

b) $\frac{8}{x} = \frac{6}{5} \quad | \cdot x$

$8 = \frac{6}{5}x \quad | \cdot \frac{5}{6}$

$\frac{20}{3} = x$

$L = \left\{\frac{20}{3}\right\}$

c) $\frac{6}{x} - 2 = \frac{2}{x} \quad | \cdot x$

$6 - 2x = 2 \quad | +2x$

$6 = 2x + 2 \quad | -2$

$4 = 2x \quad | : 2$

$x = 2$

$L = \{2\}$

Aufgabe 1

a) $3x = 18 \quad | :3$
$x = 6$
$L = \{6\}$

b) $2x = 30 \quad | :2$
$x = 15$
$L = \{15\}$

c) $5x = 40 \quad | :5$
$x = 8$
$L = \{8\}$

d) $8 = 2x \quad | :2$
$x = 4$
$L = \{4\}$

e) $15 = 3x \quad | :3$
$x = 5$
$L = \{5\}$

f) $2x = 1 \quad | :2$
$x = \frac{1}{2}$
$L = \left\{\frac{1}{2}\right\}$

Aufgabe 2

a) $x + 7 = 11 \quad | -7$
$x = 4$
$L = \{4\}$

b) $x + 3 = 15 \quad | -3$
$x = 12$
$L = \{12\}$

c) $x + 4 = 100 \quad | -4$
$x = 96$
$L = \{96\}$

d) $x + 3 = 3 \quad | -3$
$x = 0$
$L = \{0\}$

e) $8 + x = 18 \quad | -8$
$x = 10$
$L = \{10\}$

f) $14 = 5 + x \quad | -5$
$x = 9$
$L = \{9\}$

Aufgabe 3

a) $2x + 1 = 7 \quad | -1$
$2x = 6 \quad | :2$
$x = 3$
$L = \{3\}$

b) $3x + 2 = 14 \quad | -2$
$3x = 12 \quad | :3$
$x = 4$
$L = \{4\}$

c) $4x + 7 = 19 \quad | -7$
$4x = 12 \quad | :4$
$x = 3$
$L = \{3\}$

d) $3x + 2 = 17 \quad | -2$
$3x = 15 \quad | :3$
$x = 5$
$L = \{5\}$

e) $6 + 4x = 50 \quad | -6$
$4x = 44 \quad | :4$
$x = 11$
$L = \{11\}$

f) $6x + 5 = 41 \quad | -5$
$6x = 36 \quad | :6$
$x = 6$
$L = \{6\}$

Aufgabe 4

a) $x + 3 = 8$

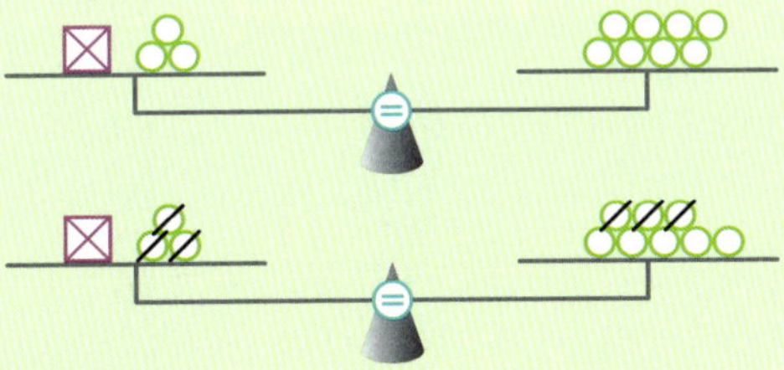

$L = \{5\}$

b) $2x + 5 = 7$

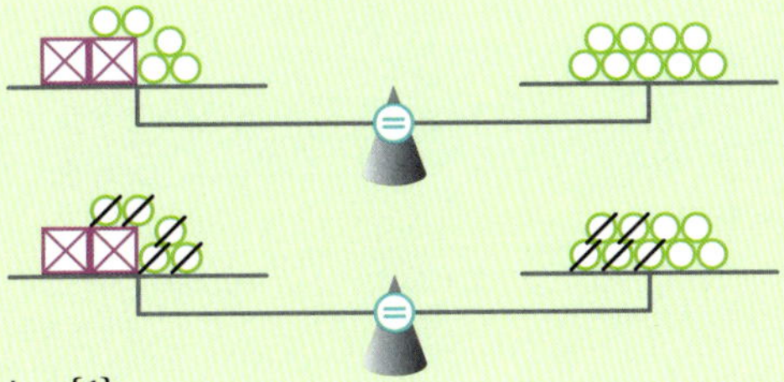

$L = \{1\}$

c) $3x + 1 = 10$

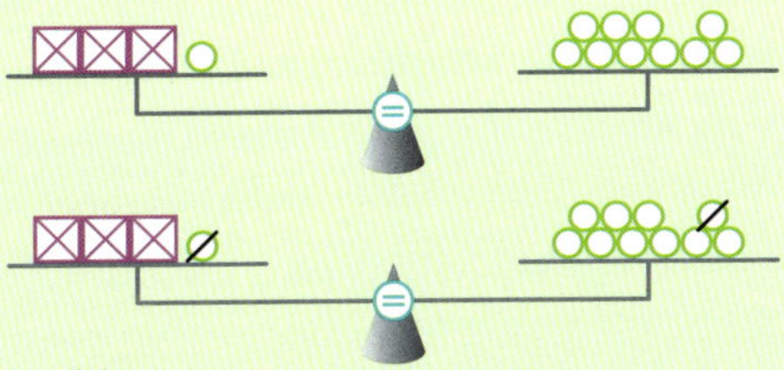

$L = \{3\}$

d) $2x + 2 = 8$

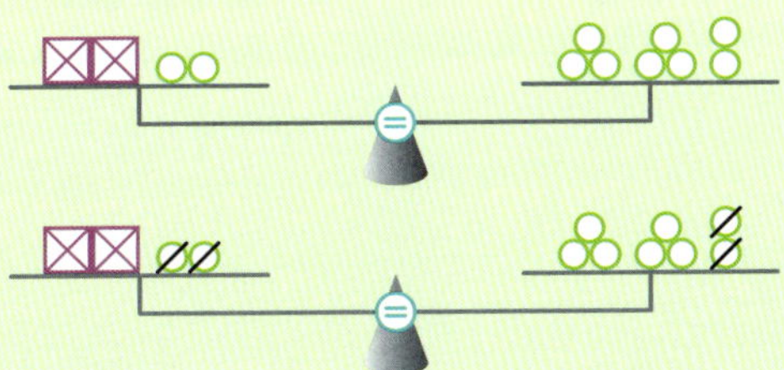

$L = \{3\}$

e) $4x + 1 = 13$

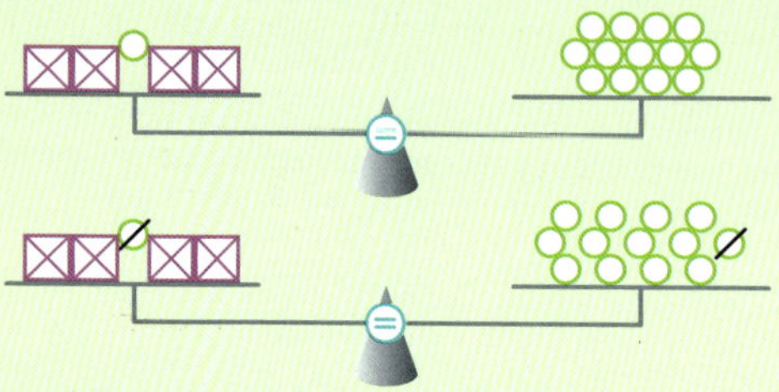

$L = \{3\}$

f) $5x + 6 = 6$

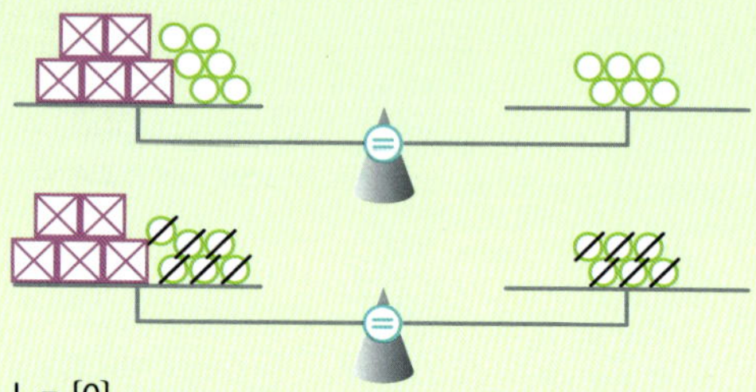

$L = \{0\}$

g) $4x + 2 = 3x + 5$

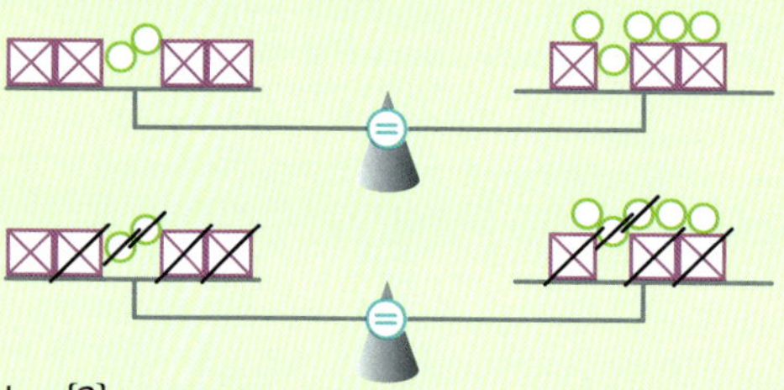

$L = \{3\}$

h) $3x + 9 = 5x + 3$

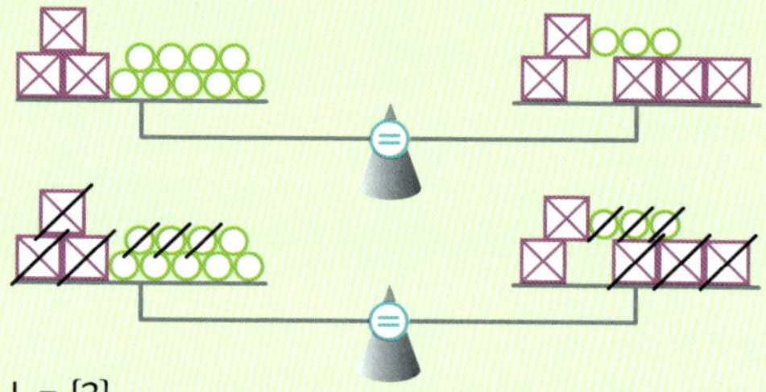

$L = \{3\}$

i) $4x + 3 = x + 9$

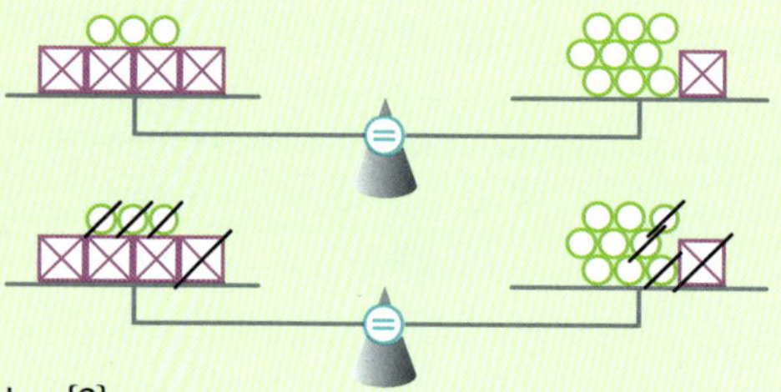

$L = \{2\}$

Aufgabe 5

a)
$$\begin{aligned} x - 5 &= 25 \quad &| +5 \\ x &= 30 \end{aligned}$$
$L = \{30\}$

b)
$$\begin{aligned} x - 3 &= 3 \quad &| +3 \\ x &= 6 \end{aligned}$$
$L = \{6\}$

c)
$$\begin{aligned} x - 9 &= 0 \quad &| +9 \\ x &= 9 \end{aligned}$$
$L = \{9\}$

d)
$$\begin{aligned} x - 12 &= -13 \quad &| +12 \\ x &= -1 \end{aligned}$$
$L = \{-1\}$

e)
$$\begin{aligned} 3x - 4 &= 11 \quad &| +4 \\ 3x &= 15 \quad &| :3 \\ x &= 5 \end{aligned}$$
$L = \{5\}$

f)
$$\begin{aligned} 2x - 5 &= -15 \quad &| +5 \\ 2x &= -10 \quad &| :2 \\ x &= -5 \end{aligned}$$
$L = \{-5\}$

g)
$$\begin{aligned} 7x - 5 &= -26 \quad &| +5 \\ 7x &= -21 \quad &| :7 \\ x &= -3 \end{aligned}$$
$L = \{-3\}$

h)
$$\begin{aligned} 25 - 6x &= 1 \quad &| -25 \\ -6x &= -24 \quad &| :(-6) \\ x &= 4 \end{aligned}$$
$L = \{4\}$

i)
$$\begin{aligned} -8 - 5x &= -13 \quad &| +8 \\ -5x &= -5 \quad &| :(-5) \\ x &= 1 \end{aligned}$$
$L = \{1\}$

Aufgabe 6

a) $3x + 7 = 8x + 2 \quad | -3x$
$7 = 5x + 2 \quad | -2$
$5 = 5x \quad | :5$
$x = 1$
$L = \{1\}$

b) $7x + 5 = 2x + 20 \quad | -2x$
$5x + 5 = 20 \quad | -5$
$5x = 15 \quad | :5$
$x = 3$
$L = \{3\}$

c) $4x + 3 = 2x - 5 \quad | -2x$
$2x + 3 = -5 \quad | -3$
$2x = -8 \quad | :2$
$x = -4$
$L = \{-4\}$

d) $6x + 1 = 2 - 3x \quad | +3x$
$9x + 1 = 2 \quad | -1$
$9x = 1 \quad | :9$
$x = \frac{1}{9}$
$L = \left\{\frac{1}{9}\right\}$

e) $7x - 2 = 1 - 5x \quad | +5x$
$12x - 2 = 1 \quad | +2$
$12x = 3 \quad | :12$
$x = \frac{1}{4}$
$L = \left\{\frac{1}{4}\right\}$

f) $5 - x = 2x - 7 \quad | +x$
$5 = 3x - 7 \quad | +7$
$12 = 3x \quad | :3$
$x = 4$
$L = \{4\}$

g) $2 + 8x = 5 - x \quad | +x$
$2 + 9x = 5 \quad | -2$
$9x = 3 \quad | :9$
$x = \frac{3}{9} = \frac{1}{3}$
$L = \left\{\frac{1}{3}\right\}$

h) $1 - 10x = 6 - 5x \quad | +10x$
$1 = 6 + 5x \quad | -6$
$-5 = 5x \quad | :5$
$x = -1$
$L = \{-1\}$

i) $4 - 5x = 4 + 7x \quad | +5x$
$4 = 4 + 12x \quad | -4$
$0 = 12x \quad | :12$
$x = 0$
$L = \{0\}$

Aufgabe 7

a) $\frac{x}{3} = 4 \quad | \cdot 3$
$x = 12$
$L = \{12\}$

b) $\frac{1}{5}x = 2 \quad | \cdot 5$
$x = 10$
$L = \{10\}$

c) $\frac{x}{6} = -7 \quad | \cdot 6$
$x = -42$
$L = \{-42\}$

d) $\frac{2}{3}x = 1 \quad | \cdot \frac{3}{2}$
$x = \frac{3}{2}$
$L = \left\{\frac{3}{2}\right\}$

e) $\frac{3x}{4} = 2 \quad | \cdot \frac{4}{3}$
$x = \frac{8}{3}$
$L = \left\{\frac{8}{3}\right\}$

f) $\frac{5x}{2} = 2 \quad | \cdot \frac{2}{5}$
$x = \frac{4}{5}$
$L = \left\{\frac{4}{5}\right\}$

Aufgabe 8

a) $\frac{x}{3} + 1 = 5 \quad | -1$
$\frac{x}{3} = 4 \quad | \cdot 3$
$L = \{12\}$

b) $\frac{1}{2}x - 1 = -8 \quad | +1$
$\frac{1}{2}x = -7 \quad | \cdot 2$
$x = -14$
$L = \{-14\}$

c) $6 + \frac{x}{3} = 10 \quad | -6$
$\frac{x}{3} = 4 \quad | \cdot 3$
$x = 12$
$L = \{12\}$

d) $\frac{4}{5}x - 1 = 0 \quad | +1$
$\frac{4}{5}x = 1 \quad | \cdot \frac{5}{4}$
$x = \frac{5}{4}$
$L = \left\{\frac{5}{4}\right\}$

e) $\frac{2}{3}x + 8 = 10 \quad | -8$
$\frac{2}{3}x = 2 \quad | \cdot \frac{3}{2}$
$x = 3$
$L = \{3\}$

f) $\frac{1}{3}x - \frac{1}{2} = \frac{4}{3} \quad | +\frac{1}{2}$
$\frac{1}{3}x = \frac{11}{6} \quad | \cdot 3$
$x = \frac{11}{2}$
$L = \left\{\frac{11}{2}\right\}$

Aufgabe 9

a) $\frac{3}{4} + \frac{1}{6}x = \frac{1}{2} + \frac{5}{6}x \quad | -\frac{1}{6}x$

$\frac{3}{4} = \frac{4}{6}x + \frac{1}{2} \quad | -\frac{1}{2}$

$\frac{1}{4} = \frac{4}{6}x \quad | \cdot \frac{6}{4}$

$x = \frac{6}{16} = \frac{3}{8}$

$L = \left\{\frac{3}{8}\right\}$

b) $\frac{1}{3}x - \frac{1}{2} = -\frac{1}{3}x + \frac{1}{6} \quad | +\frac{1}{3}x$

$\frac{2}{3}x - \frac{1}{2} = \frac{1}{6} \quad | +\frac{1}{2}$

$\frac{2}{3}x = \frac{4}{6} \quad | \cdot \frac{3}{2}$

$x = \frac{12}{12} = 1$

$L = \{1\}$

c) $\frac{1}{2} + \frac{1}{3}x = -\frac{1}{2} + x \quad | -\frac{1}{3}$

$\frac{1}{2} = \frac{2}{3}x - \frac{1}{2} \quad | +\frac{1}{2}$

$1 = \frac{2}{3}x \quad | \cdot \frac{3}{2}$

$x = \frac{3}{2}$

$L = \left\{\frac{3}{2}\right\}$

d) $\frac{3}{2}x - 1 = x + \frac{1}{2} \quad | -x$

$\frac{1}{2}x - 1 = \frac{1}{2} \quad | +1$

$\frac{1}{2}x = \frac{3}{2} \quad | \cdot 2$

$x = 3$

$L = \{3\}$

e) $\frac{1}{3}x + \frac{1}{2} = -\frac{2}{5} + \frac{4}{3}x \quad | -\frac{1}{3}x$

$\frac{1}{2} = x - \frac{2}{5} \quad | +\frac{2}{5}$

$\frac{9}{10} = x$

$x = \frac{9}{10}$

$L = \left\{\frac{9}{10}\right\}$

f) $\frac{3}{2} + \frac{1}{6}x = -\frac{1}{6}x + \frac{1}{4} \quad | +\frac{1}{6}x$

$\frac{3}{2} + \frac{2}{6}x = \frac{1}{4} \quad | -\frac{3}{2}$

$\frac{2}{6}x = -\frac{5}{4} \quad | \cdot \frac{6}{2}$

$x = -\frac{30}{8} = -\frac{15}{4}$

$L = \left\{-\frac{15}{4}\right\}$

Aufgabe 10

a) $3x + 3 - 2 + 4x = 15 + 5x - 2 - x \quad |$ zusammenfassen

$7x + 1 = 4x + 13 \quad | -4x$

$3x + 1 = 13 \quad | -1$

$3x = 12 \quad | :3$

$x = 4$

$L = \{4\}$

b) $-4x + 3x - 7 + 9 - x = 8 + 9x + 4 - 16x \quad |$ zusammenfassen

$-2x + 2 = -7x + 12 \quad | +7x$

$5x + 2 = 12 \quad | -2$

$5x = 10 \quad | :5$

$x = 2$

$L = \{2\}$

c) $7x - 4 - 9x + 2 = -10 + 4x + 2 \quad |$ zusammenfassen

$-2x - 2 = 4x - 8 \quad | +2x$

$-2 = 6x - 8 \quad | +8$

$6 = 6x \quad | :6$

$x = 1$

$L = \{1\}$

d) $9x + 4 - 2 - 8x = 6x - 2 - 6x + 14 \quad |$ zusammenfassen

$x + 2 = 12 \quad | -2$

$x = 10$

$L = \{10\}$

e) $17x - 21 - 7x - 9 = -2x - 15 + 4x - 7 \quad |$ zusammenfassen

$10x - 30 = 2x - 22 \quad | -2x$

$8x - 30 = -22 \quad | +30$

$8x = 8 \quad | :8$

$x = 1$

$L = \{1\}$

f) $5 - x + 10 - x = 20 + 2x - 5 - 2x$ | zusammenfassen
$-2x + 15 = 15$ | -15
$-2x = 0$ | $:(-2)$
$x = 0$
$L = \{0\}$

Aufgabe 11

a) $2(x + 1) = 10$ | ausmultiplizieren
$2x + 2 = 10$ | -2
$2x = 8$ | $:2$
$x = 4$
$L = \{4\}$

b) $3(x + 4) = 27$ | ausmultiplizieren
$3x + 12 = 27$ | -12
$3x = 15$ | $:3$
$x = 5$
$L = \{5\}$

c) $4(x - 2) = 8$ | ausmultiplizieren
$4x - 8 = 8$ | $+8$
$4x = 16$ | $:4$
$x = 4$
$L = \{4\}$

d) $2(3x - 1) = 10$ | ausmultiplizieren
$6x - 2 = 10$ | $+2$
$6x = 12$ | $:6$
$x = 2$
$L = \{2\}$

e) $18 = 2(2x + 3)$ | ausmultiplizieren
$18 = 4x + 6$ | -6
$12 = 4x$ | $:4$
$x = 3$
$L = \{3\}$

f) $5(1 + 2x) = 10$ | ausmultiplizieren
$5 + 10x = 10$ | -5
$10x = 5$ | $:10$
$x = \frac{1}{2}$
$L = \left\{\frac{1}{2}\right\}$

Aufgabe 12

a) $9 - (x + 6) = 2$ | Minusklammer auflösen
$9 - x - 6 = 2$ | zusammenfassen
$-x + 3 = 2$ | $+x$
$3 = x + 2$ | -2
$x = 1$
$L = \{1\}$

b) $4x - (2x + 9) = 3$ | Minusklammer auflösen
$4x - 2x - 9 = 3$
$2x - 9 = 3$ | $+9$
$2x = 12$ | $:2$
$x = 6$
$L = \{6\}$

c) $3x + 11 - (15 - 5x) = 5 - x$ | Minusklammer auflösen
$3x + 11 - 15 + 5x = 5 - x$ | zusammenfassen
$8x - 4 = 5 - x$ | $+x$
$9x - 4 = 5$ | $+4$
$9x = 9$ | $:9$
$x = 1$
$L = \{1\}$

d) $6x - 2(3x - 1) = 4x$ | Minusklammer auflösen
$6x - 6x + 2 = 4x$ | zusammenfassen
$2 = 4x$ | $:4$
$x = \frac{1}{2}$
$L = \left\{\frac{1}{2}\right\}$

e) $3(1 - x) - (3 + x) = 0$ | Klammern auflösen
$3 - 3x - 3 - x = 0$ | zusammenfassen
$-4x = 0$ | $:(-4)$
$x = 0$
$L = \{0\}$

f) $9 - 3(2x + 1) = -6$ | Minusklammer auflösen
$9 - 6x - 3 = -6$ | zusammenfassen
$6 - 6x = -6$ | $+6x$
$6 = 6x - 6$ | $+6$
$12 = 6x$ | $:6$
$x = 2$
$L = \{2\}$

Aufgabe 13

a)
$$\begin{aligned} 3(x+4) &= 2(x+5) && \mid \text{ausmultiplizieren} \\ 3x+12 &= 2x+10 && \mid -2x \\ x+12 &= 10 && \mid -12 \\ x &= -2 \\ L &= \{-2\} \end{aligned}$$

b)
$$\begin{aligned} 7(x+2) &= 4(x+5) && \mid \text{ausmultiplizieren} \\ 7x+14 &= 4x+20 && \mid -4x \\ 3x+14 &= 20 && \mid -14 \\ 3x &= 6 && \mid :3 \\ x &= 2 \end{aligned}$$
$L = \{2\}$

c)
$$\begin{aligned} 4(1{,}5-3x) &= 9(3+x) && \mid \text{ausmultiplizieren} \\ 6-12x &= 27+9x && \mid +12x \\ 6 &= 27+21x && \mid -27 \\ -21 &= 21x && \mid :21 \\ x &= -1 \end{aligned}$$
$L = \{-1\}$

d)
$$\begin{aligned} 7(2x+1) &= 2(5+4x) && \mid \text{ausmultiplizieren} \\ 14x+7 &= 10+8x && \mid -8x \\ 6x+7 &= 10 && \mid -7 \\ 6x &= 3 && \mid :6 \\ x &= \frac{1}{2} \end{aligned}$$
$L = \left\{\frac{1}{2}\right\}$

e)
$$\begin{aligned} 4(x+1)+2(1-x) &= x && \mid \text{ausmultiplizieren} \\ 4x+4+2-2x &= x && \mid \text{zusammenfassen} \\ 2x+6 &= x && \mid -x \\ x+6 &= 0 && \mid -6 \\ x &= -6 \end{aligned}$$
$L = \{-6\}$

f)
$$\begin{aligned} 3x+2(2x+1) &= 4(3+x)-1 && \mid \text{ausmultiplizieren} \\ 3x+4x+2 &= 12+4x-1 && \mid \text{zusammenfassen} \\ 7x+2 &= 11+4x && \mid -4x \\ 3x+2 &= 11 && \mid -2 \\ 3x &= 9 && \mid :3 \\ x &= 3 \end{aligned}$$
$L = \{3\}$

Aufgabe 14

a)
$$\begin{aligned} x^2-(x+3)(x-2) &= 7 && \mid \text{ausmultiplizieren} \\ x^2-(x^2+x-6) &= 7 && \mid \text{Minusklammer} \\ x^2-x^2-x+6 &= 7 && \mid \text{zusammenfassen} \\ -x+6 &= 7 && \mid +x \\ 6 &= x+7 && \mid -7 \\ x &= -1 \end{aligned}$$
$L = \{-1\}$

b)
$$\begin{aligned} (x+5)(x-2) &= x^2-1 && \mid \text{ausmultiplizieren} \\ x^2+3x-10 &= x^2-1 && \mid -x^2 \\ 3x-10 &= -1 && \mid +10 \\ 3x &= 9 && \mid :3 \\ x &= 3 \end{aligned}$$
$L = \{3\}$

c)
$$\begin{aligned} (2x-1)(x+2) &= 2x^2+10 && \mid \text{ausmultiplizieren} \\ 2x^2+3x-2 &= 2x^2+10 && \mid -2x^2 \\ 3x-2 &= 10 && \mid +2 \\ 3x &= 12 && \mid :3 \\ x &= 4 \end{aligned}$$
$L = \{4\}$

d)
$$\begin{aligned} (x+1)^2 &= (x+1)(x-1) && \mid \text{ausmultiplizieren} \\ x^2+2x+1 &= x^2-1 && \mid -x^2 \\ 2x+1 &= -1 && \mid -1 \\ 2x &= -2 && \mid :2 \\ x &= -1 \end{aligned}$$
$L = \{-1\}$

e)
$$\begin{aligned} (x-1)^2 &= (x-3)(x+3) && \mid \text{ausmultiplizieren} \\ x^2-2x+1 &= x^2-9 && \mid -x^2 \\ -2x+1 &= -9 && \mid +2x \\ 1 &= 2x-9 && \mid +9 \\ 10 &= 2x && \mid :2 \\ x &= 5 \end{aligned}$$
$L = \{5\}$

f)
$$\begin{aligned} (x+3)(x+7) &= (x+2)(x+9) && \mid \text{ausmultiplizieren} \\ x^2+10x+21 &= x^2+11x+18 && \mid -x^2 \\ 10x+21 &= 11x+18 && \mid -10x \\ 21 &= x+18 && \mid -18 \\ x &= 3 \end{aligned}$$
$L = \{3\}$

Aufgabe 15

a) $\frac{x}{3} = \frac{4}{9}$ $\quad | \cdot 3$

$x = \frac{4}{3}$

$L = \left\{\frac{4}{3}\right\}$

b) $\frac{x}{5} = \frac{3}{10}$ $\quad | \cdot 5$

$x = \frac{3}{2}$

$L = \left\{\frac{3}{2}\right\}$

c) $\frac{3}{x} = \frac{1}{4}$ $\quad | \cdot x$

$3 = \frac{1}{4}x$ $\quad | \cdot 4$

$x = 12$

$L = \{12\}$

d) $\frac{6}{x} = \frac{7}{12}$ $\quad | \cdot x$

$6 = \frac{7}{12}x$ $\quad | \cdot \frac{12}{7}$

$x = \frac{72}{7}$

$L = \left\{\frac{72}{7}\right\}$

e) $\frac{2}{3} = \frac{10}{x}$ $\quad | \cdot x$

$\frac{2}{3} \cdot x = 10$ $\quad | \cdot \frac{3}{2}$

$x = \frac{30}{2} = 15$

$L = \{15\}$

f) $\frac{8}{x} = \frac{12}{5}$ $\quad | \cdot x$

$8 = \frac{12}{5}x$ $\quad | \cdot \frac{5}{12}$

$x = \frac{10}{3}$

$L = \left\{\frac{10}{3}\right\}$

g) $\frac{2x}{3} = \frac{5}{6}$ $\quad | \cdot 3$

$2x = \frac{5}{2}$ $\quad | : 2$

$x = \frac{5}{4}$

$L = \left\{\frac{5}{4}\right\}$

h) $\frac{3}{2x} = \frac{2}{5}$ $\quad | \cdot 2x$

$3 = \frac{2}{5} \cdot 2x$

$3 = \frac{4}{5}x$ $\quad | \cdot \frac{5}{4}$

$x = \frac{15}{4}$

$L = \left\{\frac{15}{4}\right\}$

i) $\frac{3}{4x} = \frac{2}{9}$ $\quad | \cdot 4x$

$3 = \frac{2}{9} \cdot 4x$

$3 = \frac{8}{9}x$ $\quad | \cdot \frac{9}{8}$

$x = \frac{27}{8}$

$L = \left\{\frac{27}{8}\right\}$

Aufgabe 16

Setze immer den Nenner gleich null.

a) $D = \mathbb{Q} \setminus \{0\}$

b) $D = \mathbb{Q} \setminus \{-1\}$

c) $D = \mathbb{Q} \setminus \{1; 3\}$

d) $D = \mathbb{Q} \setminus \left\{-\frac{1}{2}\right\}$

e) $D = \mathbb{Q} \setminus \{-2; 0\}$

f) $D = \mathbb{Q} \setminus \{-1\}$

Aufgabe 17

Überprüfe deine Lösungen, indem du den Nenner jeweils gleich null setzt.

a) $x + 1$ muss im Nenner stehen, z. B. $\frac{1}{x+1}$

b) $x - 2$ muss im Nenner stehen, z. B. $\frac{1}{x-2}$

c) $x + 2$ und $x - 2$ müssen im Nenner stehen, z. B. $\frac{1}{(x+2)(x-2)}$

d) x und $x - 3$ müssen im Nenner stehen, z. B. $\frac{1}{x(x-3)}$

Aufgabe 18

a) $2 = 2x$

$1 = x$

$L = \{1\}$

b) $9 = 3x$

$3 = x$

$L = \{3\}$

c) $5 = 10x$

$\frac{1}{2} = x$

$L = \left\{\frac{1}{2}\right\}$

d) $9 = 3 \cdot 2x$

$9 = 6x$

$\frac{3}{2} = x$

$L = \left\{\frac{3}{2}\right\}$

e) $\frac{2}{x} = 4$

$2 = 4x$

$\frac{1}{2} = x$

$L = \left\{\frac{1}{2}\right\}$

f) $10 = 5 \cdot 3x$

$10 = 15x$

$\frac{2}{3} = x$

$L = \left\{\frac{2}{3}\right\}$

Aufgabe 19

a) $2 = 2(x - 1)$
$2 = 2x - 2$
$4 = 2x$
$2 = x$
$L = \{2\}$

b) $3 = 2(x - 7)$
$3 = 2x - 14$
$17 = 2x$
$\frac{17}{2} = x$
$L = \left\{\frac{17}{2}\right\}$

c) $4 = x + 2$
$2 = x$
$L = \{2\}$

d) $x = 2(x - 3)$
$x = 2x - 6$
$-x = -6$
$x = 6$
$L = \{6\}$

e) $2x = 4(x + 3)$
$2x = 4x + 12$
$-2x = 12$
$x = -6$
$L = \{-6\}$

f) $-x = 2(2x + 1)$
$-x = 4x + 2$
$-5x = 2$
$x = -\frac{2}{5}$
$L = \left\{-\frac{2}{5}\right\}$

Aufgabe 20

a) $\frac{x}{x-1} = -1$
$x = -(x - 1)$
$x = -x + 1$
$2x = 1$
$x = \frac{1}{2}$
$L = \left\{\frac{1}{2}\right\}$

b) $\frac{2-x}{x+1} = 1$
$2 - x = x + 1$
$1 = 2x$
$\frac{1}{2} = x$
$L = \left\{\frac{1}{2}\right\}$

c) $4 + x = 3(2x - 2)$
$4 + x = 6x - 6$
$10 = 5x$
$2 = x$
$L = \{2\}$

Aufgabe 21

a) $\frac{1}{x-1} = \frac{4}{x+2}$
$x + 2 = 4(x - 1)$
$x + 2 = 4x - 4$
$6 = 3x$
$2 = x$
$L = \{2\}$

b) $\frac{2}{3}x - 4 + 2 = \frac{1}{2}(3x - 4)$
$2 + 2(3x - 4) = \frac{1}{2}$
$6x - 8 = \frac{1}{2} - 2$
$6x - 8 = -\frac{3}{2}$
$6x = \frac{13}{2}$
$x = \frac{13}{12}$
$L = \left\{\frac{13}{2}\right\}$

c) $\frac{-x-2}{2x-4} + 7 = \frac{-2x}{2x-4}$
$-x - 2 + 7(2x - 4) = -2x$
$-x - 2 + 14x - 28 = -2x$
$-30 + 13x = -2x$
$15x = 30$
$x = 2$
2 gehört nicht zur Definitionsmenge, also hat die Gleichung keine Lösung und es ist $L = \{\ \}$.

Lösungen zum Abschlusskompetenzcheck

	Lösung	
1	a) $5x - 2 = 8$ b) $22 = 4x + 2$ c) $18x - 5 = 12x + 19$	$L = \{2\}$ $L = \{5\}$ $L = \{4\}$
2	a) $\frac{1}{5}x = -3$ b) $\frac{x}{3} + 2 = 1$ c) $x - 4 = \frac{1}{3}x - 2$	$L = \{-15\}$ $L = \{-3\}$ $L = \{3\}$
3	a) $5x - 8 + 3x = 11 + 6x$ b) $4x - 1 - 2x + 1 = 2x + 6 - 3x$ c) $3x + 7 - 5x - 3 = -9x - 11 + x + 1$	$L = \left\{\frac{19}{2}\right\}$ $L = \{2\}$ $L = \left\{-\frac{7}{3}\right\}$
4	a) $3(x - 4) = 3$ b) $6(x - 4) = 2x$ c) $3 - (3 - 2x) = 0$ d) $4(x + 3) = 2(x + 4)$	$L = \{5\}$ $L = \{6\}$ $L = \{0\}$ $L = \{-2\}$
5	a) $\frac{x}{5} = \frac{3}{10}$ b) $\frac{x}{4} = \frac{3}{2}$ c) $x - \frac{1}{3}x = \frac{1}{6}$	$L = \left\{\frac{3}{2}\right\}$ $L = \{6\}$ $L = \left\{\frac{1}{4}\right\}$
6	a) $\frac{6}{x} - 2 = 1$ b) $\frac{12}{x} = \frac{6}{5}$ c) $\frac{3}{x} - 2 = \frac{4}{x}$	$L = \{2\}$ $L = \{10\}$ $L = \left\{-\frac{1}{2}\right\}$

4 Modellieren mit Termen und Gleichungen – Lösen von Textaufgaben

Kompetenzcheck
Terme aufstellen und Gleichungen lösen – Muster

Aufgabe 1

a) 4.

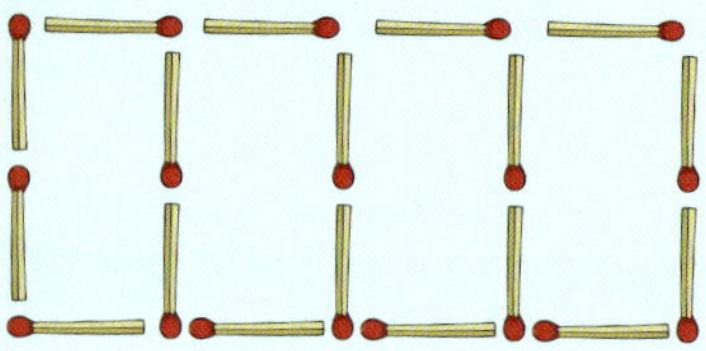

5.

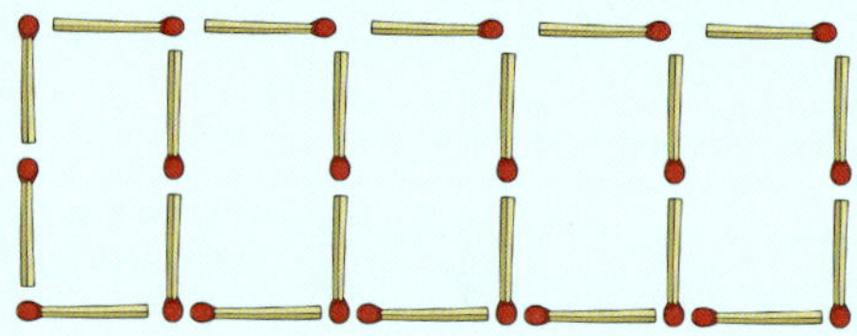

b) $2 + 4x$

c) $2 + 4 \cdot 15 = 62$ Man braucht für den 15. Schritt also 62 Streichhölzer.

d) $2 + 4x = 82 \quad | -2$

$4x = 80 \quad | :4$

$x = 20$ Für den 20. Schritt braucht man 82 Streichhölzer.

Kompetenzcheck
Gleichungen aufstellen und lösen – Aufgaben aus dem Alltag

Aufgabe 1

Kinder: Eltern – 7€ ≙ $x - 7$

2 Kinder: $2(x - 7)$

x: Eintritt Eltern

Gleichung:

$$
\begin{aligned}
150 - (2x + 2(x - 7)) &= 24 && | \text{ Klammer auflösen} \\
150 - 2x - 2x + 14 &= 24 && | \text{ zusammenfassen} \\
164 - 4x &= 24 && | +4x \\
164 &= 4x + 24 && | -24 \\
140 &= 4x && | :4 \\
35 &= x
\end{aligned}
$$

Eltern bezahlen 35 €, Kinder 35 € – 7 € = 28 € Eintritt.

Kompetenzcheck
Gleichungen aufstellen und lösen – Zahlenrätsel

Aufgabe 1

Gleichung: $(x-6)\cdot 8 = 2x+6$

Lösung:
$(x-6)\cdot 8 = 2x+6$ | ausmultiplizieren
$8x-48 = 2x+6$ | $-2x$
$6x-48 = 6$ | $+48$
$6x = 54$ | $:6$
$x = 9$

Die gesuchte Zahl ist 9.

Aufgabe 2

Gleichung: $(3x+5)\cdot 2 = 18-2x$

Lösung:
$(3x+5)\cdot 2 = 18-2x$ | ausmultiplizieren
$6x+10 = 18-2x$ | $+2x$
$8x+10 = 18$ | -10
$8x = 8$ | $:8$
$x = 1$

Die gesuchte Zahl ist 1.

Kompetenzcheck
Gleichungen aufstellen und lösen – Aufgaben aus der Geometrie

Aufgabe 1

x: Breite des Rechtecks

Gleichung: $2x + 2(x+4) = 20$

Lösung:
$2x + 2(x+4) = 20$ | ausmultiplizieren
$2x + 2x + 8 = 20$ | zusammenfassen
$4x + 8 = 20$ | -8
$4x = 12$ | $:4$
$x = 3$

Die Seiten des Dreiecks sind 3 cm und 7 cm.

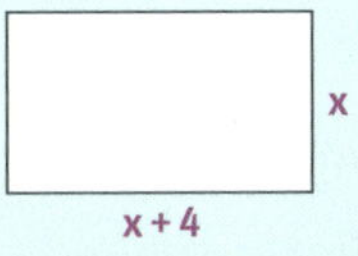

Umfang: 2 · Breite + 2 · Länge

Aufgabe 2

Gleichung: $\gamma + \gamma + 9 + \gamma + 9 = 180$

Lösung:
$\gamma + \gamma + 9 + \gamma + 9 = 180$ | zusammenfassen
$3\gamma + 18 = 180$ | -18
$3\gamma = 162$ | $:3$
$\gamma = 54$

Also sind die drei Winkel in dem Dreieck
$\alpha = 54° + 9° = 63° = \beta$ und $\gamma = 54°$.

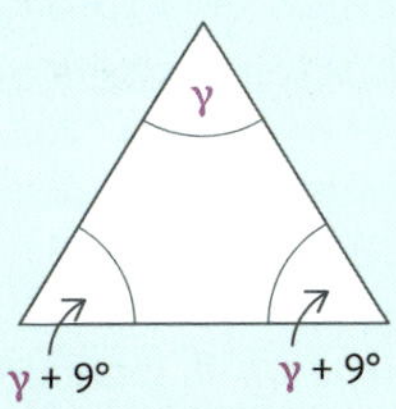

Winkelsumme:
$\alpha + \beta + \gamma = 180°$

Aufgabe 3

x: Breite des ursprünglichen Rechtecks

Gleichung: $(x + 17) \cdot (x - 6) = (x + 12) \cdot x - 112$

Lösung:

$$\begin{aligned}
(x + 17) \cdot (x - 6) &= (x + 12) \cdot x - 112 && | \text{ ausmultiplizieren} \\
x^2 + 17x - 6x - 102 &= x^2 + 12x - 112 \\
x^2 + 11x - 102 &= x^2 + 12x - 112 && | -x^2 \\
11x - 102 &= 12x - 112 && | -11x \\
-102 &= x - 112 && | +112 \\
10 &= x
\end{aligned}$$

Das ursprüngliche Rechteck ist also 10 cm breit.

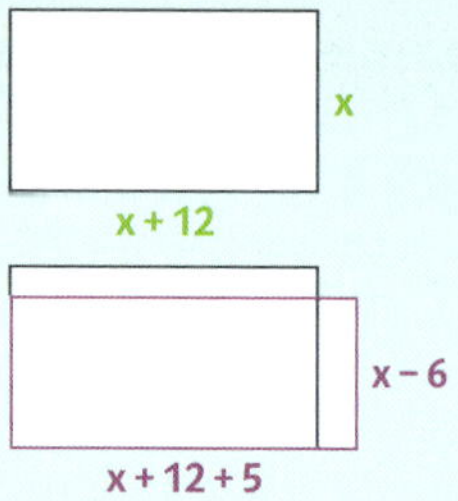

$A = (x + 12) \cdot x$

$A = (x + 17) \cdot (x - 6)$

Flächeninhalt neu : Flächeninhalt alt − 112

Kompetenzcheck
Gleichungen aufstellen und lösen – Altersrätsel

Aufgabe 1

x: Alter von Florian

Florian ist 2 Jahre älter als Johannes, also gilt: Johannes = Florian − 2

Florian ist 3 Jahre jünger als Christian, also gilt: Christian = Florian + 3

Johannes + Florian + Christian = 37

Gleichung: $x - 2 + x + x + 3 = 37$

Lösung:

$$\begin{aligned}
x - 2 + x + x + 3 &= 37 && | \text{ zusammenfassen} \\
3x + 1 &= 37 && | -1 \\
3x &= 36 && | :3 \\
x &= 12,
\end{aligned}$$

also ist Florian 12 Jahre alt.

Dann sind Johannes 10 Jahre und Christian 15 Jahre alt.

Aufgabe 2

x: Alter von Pauline heute

Herr Peter heute: $3x$

Herr Peter in 6 Jahren: $3x + 6$

Pauline vor 6 Jahren: $x - 6$

Gleichung: $3x + 6 = 5(x - 6)$

Lösung:

$$\begin{aligned}
3x + 6 &= 5(x - 6) && | \text{ ausmultiplizieren} \\
3x + 6 &= 5x - 30 && | -3x \\
6 &= 2x - 30 && | +30 \\
36 &= 2x && | :2 \\
18 &= x
\end{aligned}$$

Pauline ist also heute 18 Jahre und Herr Peter 54 Jahre alt.

Aufgabe 1

Schritt (x)	Muster	gezählte Teile	Term: $1 + 2 \cdot x$
1		3	$1 + 2 \cdot 1 = 3$ ✓
2	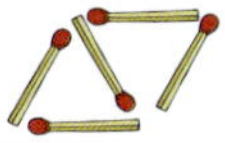	+2 5	$1 + 2 \cdot 2 = 5$ ✓
3	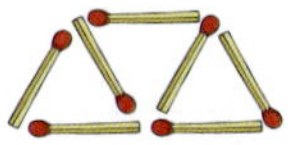	+2 7	$1 + 2 \cdot 3 = 7$ ✓
4	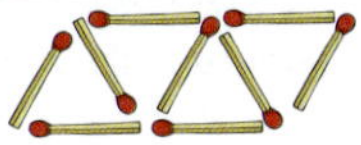	+2 9	$1 + 2 \cdot 4 = 9$ ✓
5		+2 11	$1 + 2 \cdot 5 = 11$ ✓

b) Es kommen bei jedem Schritt 2 Streichhölzer dazu. Zieht man beim 1. Schritt 2 Hölzchen ab, dann bleibt 1 festes Streichholz übrig. Also lautet der Term für die Anzahl der Streichhölzer: $1 + 2 \cdot x$.

c) $1 + 2 \cdot 10 = 21$, also braucht man für den 10. Schritt 41 Streichhölzer.

d) $1 + 2 \cdot x = 57 \quad | -1$

$2 \cdot x = 56 \quad | :2$

$x = 28$, also besteht der 28. Schritt aus 57 Streichhölzern.

Aufgabe 2

Schritt (x)	Muster	gezählte Teile	Term: $4 \cdot x$
1	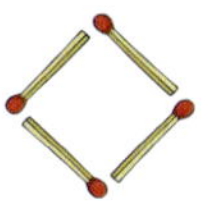	4	$4 \cdot 1 = 4$ ✓
2	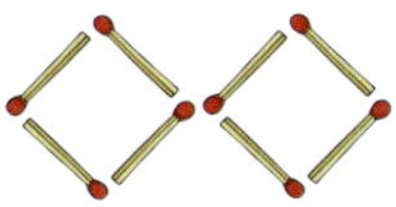	+4 8	$4 \cdot 2 = 8$ ✓
3	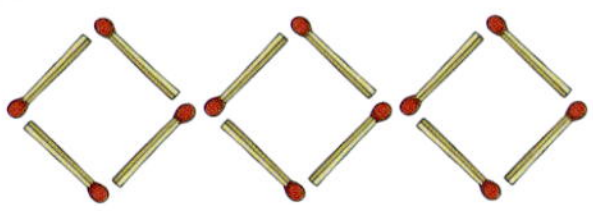	+4 12	$4 \cdot 3 = 12$ ✓
4	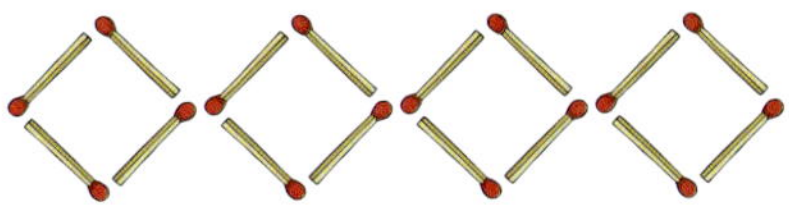	+4 16	$4 \cdot 4 = 16$ ✓
5	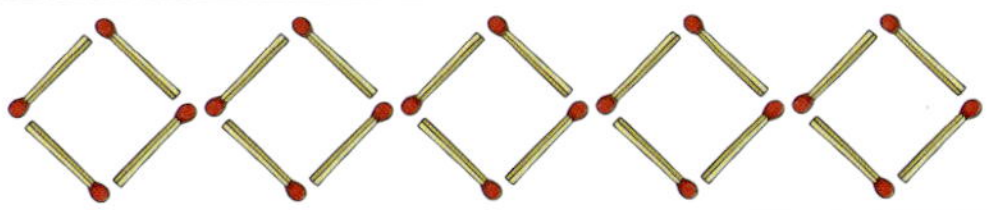	+4 20	$4 \cdot 5 = 20$ ✓

b) Es kommen bei jedem Schritt 4 Streichhölzer dazu. Zieht man beim 1. Schritt 4 Hölzchen ab, dann bleibt kein festes Streichholz übrig. Also lautet der Term für die Anzahl der Streichhölzer: $4 \cdot x$.

c) $4 \cdot 8 = 32$, also braucht man für den 8. Schritt 32 Streichhölzer.
d) $4 \cdot x = 72 \quad | :4$
$x = 18$, also besteht der 18. Schritt aus 72 Streichhölzern.

Aufgabe 3

Schritt (x)	Muster	gezählte Teile	Term: $4 \cdot x$
1	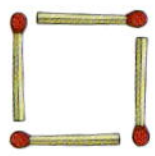	4	$4 \cdot 1 = 4$ ✓
2	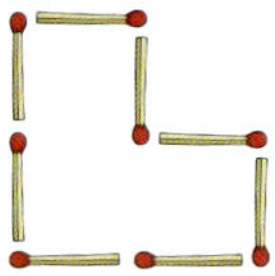	+4 8	$4 \cdot 2 = 8$ ✓
3	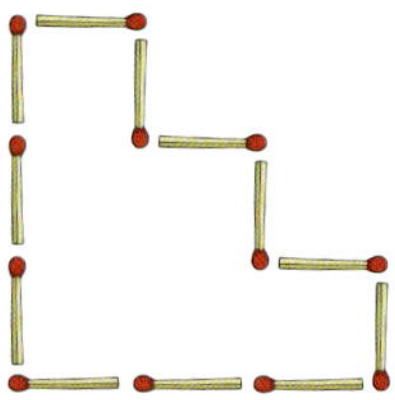	+4 12	$4 \cdot 3 = 12$ ✓
4	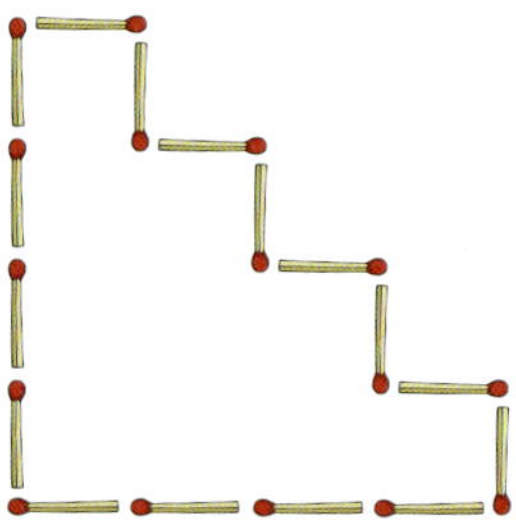	+4 16	$4 \cdot 4 = 16$ ✓
5	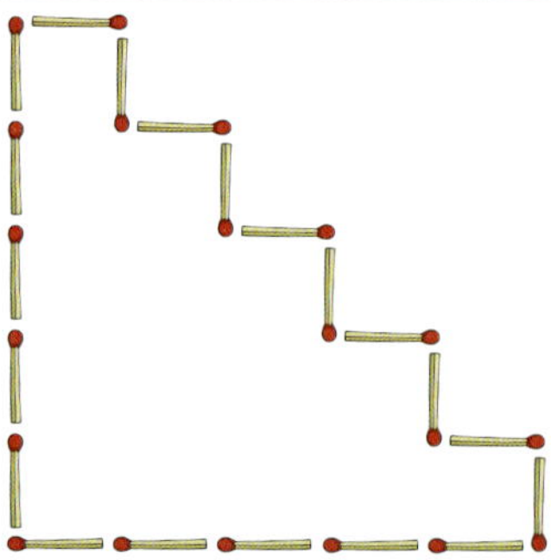	+4 20	$4 \cdot 5 = 20$ ✓

b) Es kommen bei jedem Schritt 4 Streichhölzer dazu. Zieht man beim 1. Schritt 4 Hölzchen ab, dann bleibt kein festes Streichholz übrig. Also lautet der Term für die Anzahl der Streichhölzer: $4 \cdot x$.
c) $4 \cdot 12 = 48$, also braucht man für den 12. Schritt 48 Streichhölzer.
d) $4 \cdot x = 96 \quad | :4$
$x = 24$, also besteht der 24. Schritt aus 96 Streichhölzern.

Aufgabe 4

Schritt (x)	Muster	gezählte Teile	Term: $2 + 2 \cdot x$
1		4 (+2)	$2 + 2 \cdot 1 = 4$ ✓
2		6 (+2)	$2 + 2 \cdot 2 = 6$ ✓
3		8 (+2)	$2 + 2 \cdot 3 = 8$ ✓
4		10 (+2)	$2 + 2 \cdot 4 = 10$ ✓
5		12	$2 + 2 \cdot 5 = 12$ ✓

b) Es kommen bei jedem Schritt 2 Plättchen dazu. Zieht man beim 1. Schritt 2 Plättchen ab, dann bleiben 2 feste Plättchen übrig. Also lautet der Term für die Anzahl der Plättchen: $2 + 2 \cdot x$.

c) $2 + 2 \cdot 15 = 32$, also braucht man für den 15. Schritt 32 Plättchen.

d) $2 + 2 \cdot x = 64 \quad | -2$

$2 \cdot x = 62 \quad | :2$

$x = 31$, also besteht der 31. Schritt aus 64 Plättchen.

Aufgabe 5

Schritt (x)	Muster	gezählte Teile	Term: $2 + 4 \cdot x$
1		6 (+4)	$2 + 4 \cdot 1 = 6$ ✓
2		10 (+4)	$2 + 4 \cdot 2 = 10$ ✓
3		14 (+4)	$2 + 4 \cdot 3 = 14$ ✓
4		18 (+4)	$2 + 4 \cdot 4 = 18$ ✓
5		22	$2 + 4 \cdot 5 = 22$ ✓

b) Es kommen bei jedem Schritt 4 Plättchen dazu. Zieht man beim 1. Schritt 4 Plättchen ab, dann bleiben 2 feste Plättchen übrig. Also lautet der Term für die Anzahl der Plättchen: $2 + 4 \cdot x$.

c) $2 + 4 \cdot 14 = 58$, also braucht man für den 14. Schritt 58 Plättchen.

d) $2 + 4 \cdot x = 102 \quad | -2$

$4 \cdot x = 100 \quad | :4$

$x = 25$, also besteht der 25. Schritt aus 102 Plättchen.

Aufgabe 6

Schritt (x)	Muster	gezählte Teile	Term: $4 + 2 \cdot x$
1		6	$4 + 2 \cdot 1 = 6$ ✓
2		+2 → 8	$4 + 2 \cdot 2 = 8$ ✓
3		+2 → 10	$4 + 2 \cdot 3 = 10$ ✓
4		+2 → 12	$4 + 2 \cdot 4 = 12$ ✓
5		+2 → 14	$4 + 2 \cdot 5 = 14$ ✓

b) Es kommen bei jedem Schritt 2 Plättchen dazu. Zieht man beim 1. Schritt 2 Plättchen ab, dann bleiben 4 feste Plättchen übrig. Also lautet der Term für die Anzahl der Plättchen: $4 + 2 \cdot x$.

c) $4 + 2 \cdot 20 = 44$, also braucht man für den 20. Schritt 44 Plättchen.

d) $4 + 2 \cdot x = 100 \quad | -4$

$2 \cdot x = 96 \quad | : 2$

$x = 48$, also besteht der 100. Schritt aus 48 Plättchen.

Aufgabe 7

Schritt (x)	Muster	gezählte Teile	Term: $2 + 4 \cdot x$
1		6	$2 + 4 \cdot 1 = 6$ ✓
2		+4 → 10	$2 + 4 \cdot 2 = 10$ ✓
3		+4 → 14	$2 + 4 \cdot 3 = 14$ ✓
4		+4 → 18	$2 + 4 \cdot 4 = 18$ ✓
5		+4 → 22	$2 + 4 \cdot 5 = 22$ ✓

b) Es kommen bei jedem Schritt 4 Plättchen dazu. Zieht man beim 1. Schritt 4 Plättchen ab, dann bleiben 2 feste Plättchen übrig. Also lautet der Term für die Anzahl der Plättchen: $2 + 4 \cdot x$.

c) $2 + 4 \cdot 14 = 58$, also braucht man für den 14. Schritt 58 Plättchen.

d) $2 + 4 \cdot x = 90 \quad | -2$

$4 \cdot x = 88 \quad | : 4$

$x = 22$, also besteht der 22. Schritt aus 90 Plättchen.

Aufgabe 8

Schritt (x)	Muster	gezählte Teile	Term: $3 \cdot x$
1		3	$3 \cdot 1 = 3$ ✓
2		6	$3 \cdot 2 = 6$ ✓
3	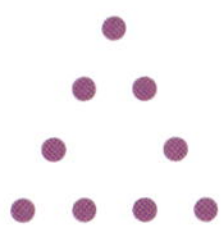	9	$3 \cdot 3 = 9$ ✓
4	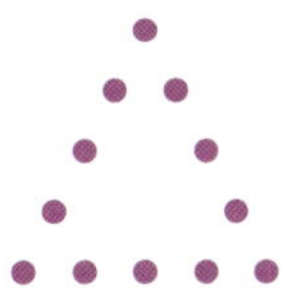	12	$3 \cdot 4 = 12$ ✓
5		15	$3 \cdot 5 = 15$ ✓

b) Es kommen bei jedem Schritt 3 Plättchen dazu. Zieht man beim 1. Schritt 3 Plättchen ab, dann bleibt kein Plättchen übrig. Also lautet der Term für die Anzahl der Plättchen: $3 \cdot x$.

c) $3 \cdot 9 = 27$, also braucht man für den 9. Schritt 27 Plättchen.

d) $3 \cdot x = 66 \quad | : 3$

$x = 22$, also besteht der 22. Schritt aus 66 Plättchen.

Aufgabe 9

Schritt (x)	Muster	gezählte Teile	Term: $-1 + 4 \cdot x$
1		3	$-1 + 4 \cdot 1 = 3$ ✓
2	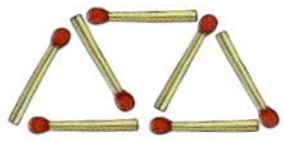	+4 7	$-1 + 4 \cdot 1 = 3$ ✓
3	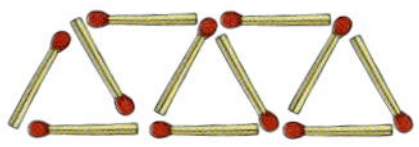	+4 11	$-1 + 4 \cdot 1 = 3$ ✓
4	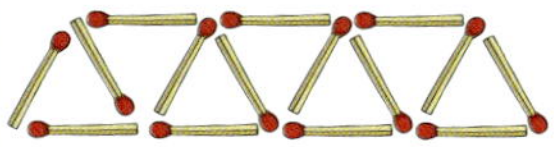	+4 15	$-1 + 4 \cdot 1 = 3$ ✓
5	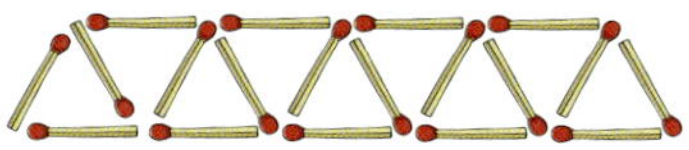	+4 19	$-1 + 4 \cdot 1 = 3$ ✓

b) Es kommen bei jedem Schritt 4 Streichhölzer dazu. Will man beim 1. Schritt 4 Hölzchen abziehen, dann bleibt −1 festes Streichholz übrig. Das kann zwar bei Streichhölzchen nicht sein, aber der Term stimmt trotzdem. Du kannst die „−1" vielleicht so verstehen, dass man am Anfang 1 Streichhölzchen wegnehmen muss. Also lautet der Term für die Anzahl der Streichhölzer: $-1 + 4 \cdot x$.

c) $-1 + 4 \cdot 10 = 39$, also braucht man für den 10. Schritt 39 Streichhölzer.

d) $-1 + 4 \cdot x = 87 \quad | +1$
$4 \cdot x = 88 \quad | :4$
$x = 22$, also besteht der 22. Schritt aus 87 Streichhölzern.

Aufgabe 10

a) ③ b) ④ c) ① d) ⑤ e) ②

Aufgabe 11

Anzahl der Bonbons in einer Tüte: x

Anzahl aller Bonbons: $x + x + x = 3x$

a) Anzahl aller Bonbons: $x - 3 + x + x = 3x - 3$

b) Anzahl aller Bonbons: $3(x - 2) = 3x - 6$

c) Anzahl aller Bonbons: $(x - 4) + (x - 4) + x = 3x - 8$

d) Anzahl aller Bonbons: $(x - 5) + (x - 5) + (x - 2) = 3x - 12$

Aufgabe 12

x: Gewicht von Daniel

Gleichung: Nils + Jasmin = Max + Daniel

$56 + 49 = 43 + x$

Lösung:

$$
\begin{aligned}
56 + 49 &= 43 + x \quad && | \text{ zusammenfassen} \\
105 &= 43 + x && | -43 \\
62 &= x
\end{aligned}
$$

Daniel wiegt also 62 kg.

Aufgabe 13

a) ③ b) ④ c) ① d) ⑤ e) ②

Aufgabe 14

a) Gleichung: $3x + 1 = 28$

Lösung:

$$
\begin{aligned}
3x + 1 &= 28 \quad && | -1 \\
3x &= 27 && | :3 \\
x &= 9
\end{aligned}
$$

b) Gleichung: $4x - 2 = 42$

Lösung:

$$
\begin{aligned}
4x - 2 &= 42 \quad && | +2 \\
4x &= 44 && | :4 \\
x &= 11
\end{aligned}
$$

c) Gleichung: $2x + 11 = 29$

Lösung:

$$
\begin{aligned}
2x + 11 &= 29 \quad && | -11 \\
2x &= 18 && | :2 \\
x &= 9
\end{aligned}
$$

Aufgabe 15

a) Gleichung: $6x + 14 = 8x$

Lösung:

$$
\begin{aligned}
6x + 14 &= 8x \quad && | -6x \\
14 &= 2x && | :2 \\
7 &= x
\end{aligned}
$$

b) Gleichung: $4x + 18 = 6x$

Lösung:

$$
\begin{aligned}
4x + 18 &= 6x \quad && | -4x \\
18 &= 2x && | :2 \\
9 &= x
\end{aligned}
$$

c) Gleichung: $2x - 23 = x - 1$

Lösung:

$$
\begin{aligned}
2x - 23 &= x - 1 \quad && | -x \\
x - 23 &= -1 && | +23 \\
x &= 22
\end{aligned}
$$

Aufgabe 16

a) Gleichung: $(x + 3) \cdot 2 = 52$

Lösung:

$$
\begin{aligned}
(x + 3) \cdot 2 &= 52 && \mid \text{ausmultiplizieren} \\
2x + 6 &= 52 && \mid -6 \\
2x &= 46 && \mid :2 \\
x &= 23
\end{aligned}
$$

b) Gleichung: $(2x - 5) \cdot 3 = 39$

Lösung:

$$
\begin{aligned}
(2x - 5) \cdot 3 &= 39 && \mid \text{ausmultiplizieren} \\
6x - 15 &= 39 && \mid +15 \\
6x &= 54 && \mid :6 \\
x &= 9
\end{aligned}
$$

c) Gleichung: $(x + 1) \cdot 2 + 5 = 5(x - 1)$

Lösung:

$$
\begin{aligned}
(x + 1) \cdot 2 + 5 &= 5(x - 1) && \mid \text{ausmultiplizieren} \\
2x + 2 + 5 &= 5x - 5 && \mid \text{zusammenfassen} \\
2x + 7 &= 5x - 5 && \mid -2x \\
7 &= 3x - 5 && \mid +5 \\
12 &= 3x && \mid :3 \\
4 &= x
\end{aligned}
$$

d) Gleichung: $3x - 2 = 2(x - 1)$

Lösung:

$$
\begin{aligned}
3x - 2 &= 2(x - 1) && \mid \text{ausmultiplizieren} \\
3x - 2 &= 2x - 2 && \mid -2x \\
x - 2 &= -2 && \mid +2 \\
x &= 0
\end{aligned}
$$

Diese Gleichung ist für 0 erfüllt.

e) Gleichung: $x + (x + 1) + (x + 2) = 75$

Lösung:

$$
\begin{aligned}
x + (x + 1) + (x + 2) &= 75 \\
3x + 3 &= 75 && \mid -3 \\
3x &= 72 && \mid :3 \\
x &= 24
\end{aligned}
$$

f) Gleichung: $3x + 2(x + 1) = 3x + 12$

Lösung:

$$
\begin{aligned}
3x + 2(x + 1) &= 3x + 12 && \mid \text{ausmultiplizieren} \\
3x + 2x + 2 &= 3x + 12 && \mid \text{zusammenfassen} \\
5x + 2 &= 3x + 12 && \mid -3x \\
2x + 2 &= 12 && \mid -2 \\
2x &= 10 && \mid :2 \\
x &= 5
\end{aligned}
$$

Aufgabe 17

a)

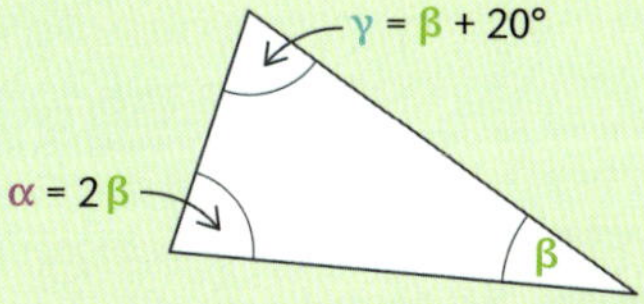

Formel: $\alpha + \beta + \gamma = 180°$

Gleichung: $2\beta + \beta + \beta + 20° = 180°$

Lösung:
$$2\beta + \beta + \beta + 20° = 180° \quad | \text{ zusammenfassen}$$
$$4\beta + 20° = 180° \quad | -20°$$
$$4\beta = 160° \quad | :4$$
$$\beta = 40°$$

Die drei Winkel im Dreieck sind $\alpha = 80°$, $\beta = 40°$ und $\gamma = 60°$.

b)

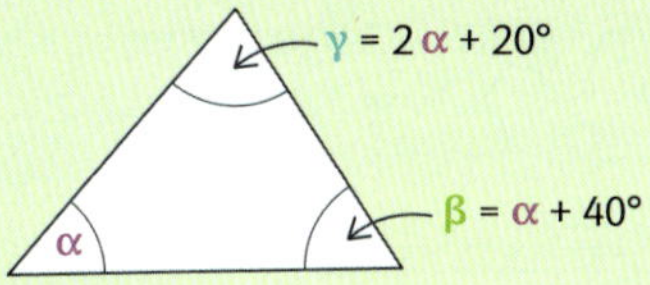

Formel: $\alpha + \beta + \gamma = 180°$

Gleichung: $\alpha + \alpha + 40 + 2\alpha + 20° = 180°$

Lösung:
$$\alpha + \alpha + 40 + 2\alpha + 20° = 180° \quad | \text{ zusammenfassen}$$
$$4\alpha + 60° = 180° \quad | -60°$$
$$4\alpha = 120° \quad | :4$$
$$\alpha = 30°$$

Die drei Winkel im Dreieck sind $\alpha = 30°$, $\beta = 70°$ und $\gamma = 80°$.

c)

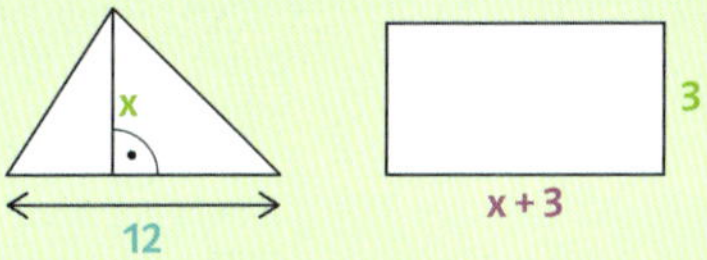

Flächeninhalt Dreieck: $12 \cdot x : 2 = 6x$

Flächeninhalt Rechteck: $3 \cdot (x + 3) = 3x + 9$

Gleichung: $6x = 3x + 9$

Lösung:
$$6x = 3x + 9 \quad | -3x$$
$$3x = 9 \quad | :3$$
$$x = 3$$

Das Dreieck ist 3 cm hoch und das Rechteck 6 cm lang.

Aufgabe 18

x: Breite des Rechtecks

Gleichung: $2 \cdot x + 2 \cdot 2x = 96$

Lösung:
$$2 \cdot x + 2 \cdot 2x = 96 \quad | \text{ zusammenfassen}$$
$$6x = 96 \quad | :6$$
$$x = 16$$

Das Bild ist also 16 cm breit und 32 cm lang.

Umfang: 2 · Länge + 2 · Breite

Aufgabe 19

Gleichung: $2 \cdot (x + 1) + 2 \cdot (3x - 1) = 40$

Lösung:

$$\begin{aligned} 2 \cdot (x + 1) + 2 \cdot (3x - 1) &= 40 && \mid \text{ausmultiplizieren} \\ 2x + 2 + 6x - 2 &= 40 && \mid \text{zusammenfassen} \\ 8x &= 40 && \mid :8 \\ x &= 5 \end{aligned}$$

Das Rechteck ist 6 cm breit und 14 cm lang.

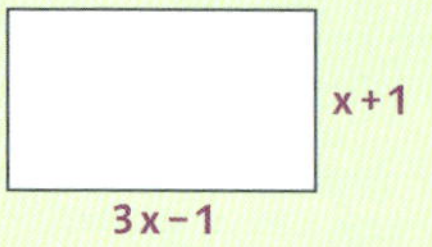

Umfang: 2 · Länge + 2 · Breite

Aufgabe 20

Gleichung: $(2x + 1) \cdot 3 = 39$

Lösung:

$$\begin{aligned} (2x + 1) \cdot 3 &= 39 && \mid \text{ausmultiplizieren} \\ 6x + 3 &= 39 && \mid -3 \\ 6x &= 36 && \mid :6 \\ x &= 6 \end{aligned}$$

Das Rechteck ist also $2 \cdot 6 + 1 = 13$ cm lang.

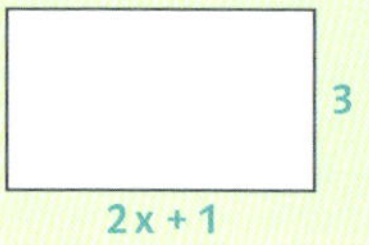

Flächeninhalt: Länge · Breite

Aufgabe 21

a) Gleichung: $2 \cdot (x + 8) + 2 \cdot x = 72$

Lösung:

$$\begin{aligned} 2 \cdot (x + 8) + 2 \cdot x &= 72 && \mid \text{ausmultiplizieren} \\ 2x + 16 + 2x &= 72 && \mid \text{zusammenfassen} \\ 4x + 16 &= 72 && \mid -16 \\ 4x &= 56 && \mid :4 \\ x &= 14 \end{aligned}$$

Das Rechteck ist 14 cm breit und 22 cm lang.

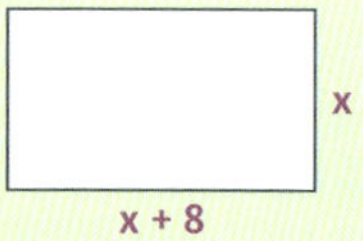

Umfang: 2 · Länge + 2 · Breite

b) Gleichung: $2 \cdot x + 2 \cdot 2 \cdot x = 30$

Lösung:

$$\begin{aligned} 2 \cdot x + 2 \cdot 2 \cdot x &= 30 && \mid \text{zusammenfassen} \\ 6x &= 30 && \mid :6 \\ x &= 5 \end{aligned}$$

Das Rechteck ist 5 cm breit und 10 cm lang.

Umfang: 2 · Länge + 2 · Breite

Aufgabe 22

Gleichung: $c + c + 1{,}5 + c + 1{,}3 = 10{,}3$

Lösung:

$$\begin{aligned} c + c + 1{,}5 + c + 1{,}3 &= 10{,}3 && \mid \text{zusammenfassen} \\ 3c + 2{,}8 &= 10{,}3 && \mid -2{,}8 \\ 3c &= 7{,}5 && \mid :3 \\ c &= 2{,}5 \end{aligned}$$

Die Dreiecksseiten sind $a = 4$ cm, $b = 3{,}8$ cm und $c = 2{,}5$ cm.

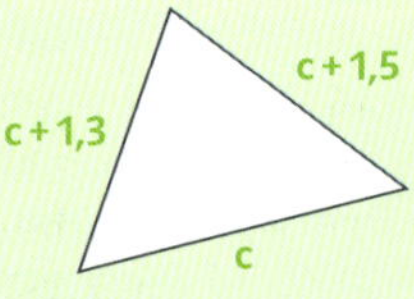

Umfang: a + b + c

Aufgabe 23

Gleichung: $2c + 9 + c = 24$

Lösung:

$$\begin{aligned} 2c + 9 + c &= 24 && \mid \text{zusammenfassen} \\ 3c + 9 &= 24 && \mid -9 \\ 3c &= 15 && \mid :3 \\ c &= 5 \end{aligned}$$

Die Dreiecksseiten sind $a = 10$ cm, $b = 9$ cm und $c = 5$ cm.

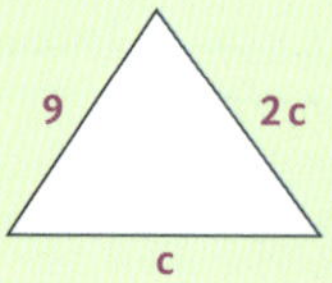

Umfang: a + b + c

Aufgabe 24

Gleichung: $\alpha + 2\alpha - 10° + 70° = 180°$

Lösung:
$$\begin{aligned} \alpha + 2\alpha - 10° + 70° &= 180° && \mid \text{zusammenfassen} \\ 3\alpha + 60° &= 180° && \mid -60° \\ 3\alpha &= 120° && \mid :3 \\ \alpha &= 40° \end{aligned}$$

Die drei Winkel im Dreieck sind $\alpha = 40°$, $\beta = 70°$ und $\gamma = 70°$.

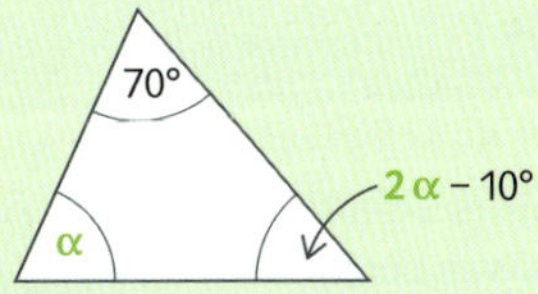

Formel: $\alpha + \beta + \gamma = 180°$

Aufgabe 25

a) Gleichung: $x \cdot 2 \cdot 5 = 5 \cdot (9 - x)$

Lösung:
$$\begin{aligned} x \cdot 2 \cdot 5 &= 5 \cdot (9 - x) && \mid \text{ausmultiplizieren} \\ 10x &= 45 - 5x && \mid +5x \\ 15x &= 45 && \mid :15 \\ x &= 3 \end{aligned}$$

b) Gleichung: $x \cdot 2 = 5 \cdot (9 - x)$

Lösung:
$$\begin{aligned} x \cdot 2 &= 5 \cdot (9 - x) && \mid \text{ausmultiplizieren} \\ 2x &= 45 - 5x && \mid +5x \\ 7x &= 45 && \mid :7 \\ x &= \frac{45}{7} \end{aligned}$$

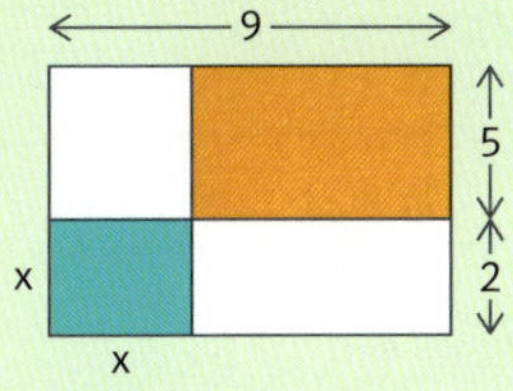

Flächeninhalt: Länge · Breite
gelbe Fläche: $(9 - x) \cdot 5$
blaue Fläche: $x \cdot 2$

Aufgabe 26

Gleichung: $x^2 + 132 = (x + 6)^2$

Lösung:
$$\begin{aligned} x^2 + 132 &= (x + 6)^2 && \mid \text{ausmultiplizieren} \\ x^2 + 132 &= x^2 + 12x + 36 && \mid -x^2 \\ 132 &= 12x + 36 && \mid -36 \\ 96 &= 12x && \mid :12 \\ 8 &= x \end{aligned}$$

Das kleinere Quadrat hat eine Seitenlänge von 8 cm, das größere Quadrat eine Seitenlänge von 14 cm.

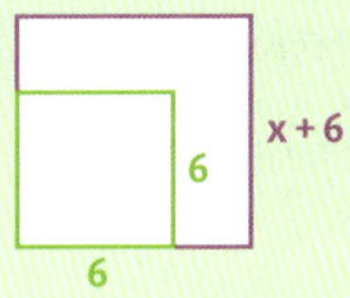

Flächeninhalt: Seite · Seite
erstes Quadrat: $(x + 6)^2$
zweites Quadrat: x^2

Aufgabe 27

Gleichung: $\gamma + \gamma + 15° + \gamma + 15° = 180°$

Lösung:
$$\begin{aligned} \gamma + \gamma + 15° + \gamma + 15° &= 180° && \mid \text{zusammenfassen} \\ 3\gamma + 30° &= 180° && \mid -30° \\ 3\gamma &= 150° && \mid :3 \end{aligned}$$

$\gamma = 50°$, also sind die drei Winkel in dem Dreieck $\alpha = 50° + 15° = 65° = \beta$ und $\gamma = 50°$.

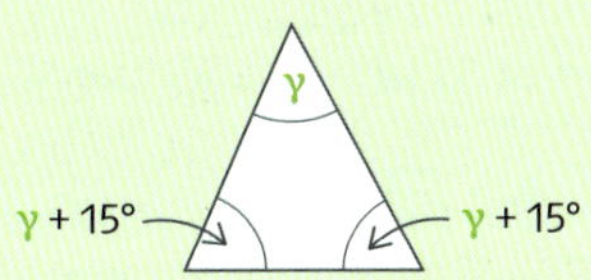

Winkelsumme: $\alpha + \beta + \gamma = 180°$

Aufgabe 28

a) ③ b) ④ c) ⑤ d) ① e) ②

Aufgabe 29
x: Alter Luise
Luise heute: 7 Jahre
Vater heute: $5x = 35$
Vater bei Luises Geburt: $35 - 7$
Luises Vater war bei ihrer Geburt 28 Jahre alt.

Aufgabe 30
x: Alter Maya heute
Maya in 34 Jahren: $x + 34$
Gleichung: $x + 34 = 3x$
Lösung:
$$\begin{aligned} x + 34 &= 3x \quad && | -x \\ 34 &= 2x && | :2 \\ 17 &= x \end{aligned}$$
Maya ist heute 17 Jahre alt.

Aufgabe 31
x: Alter Herr Rau heute
Herr Rau in 20 Jahren: $x + 20$
Herr Rau vor 12 Jahren: $x - 12$
Gleichung: $x + 20 = 2 \cdot (x - 12)$
Lösung:
$$\begin{aligned} x + 20 &= 2 \cdot (x - 12) \quad && | \text{ ausmultiplizieren} \\ x + 20 &= 2x - 24 && | -x \\ 20 &= x - 24 && | +24 \\ 44 &= x \end{aligned}$$
Herr Rau ist heute 44 Jahre alt.

Aufgabe 32
x: Alter Tochter
Mutter: $3x$
Gleichung: $3x - x = 26$
Lösung:
$$\begin{aligned} 3x - x &= 26 \quad && | \text{ zusammenfassen} \\ 2x &= 26 && | :2 \\ x &= 13 \end{aligned}$$
Die Mutter ist 39 Jahre, die Tochter 13 Jahre alt.

Aufgabe 33
x: Alter Jenny heute
Gleichung: $x + 24 = 3x$
Lösung:
$$\begin{aligned} x + 24 &= 3x \quad && | -x \\ 24 &= 2x && | :2 \\ 12 &= x \end{aligned}$$
Jenny ist heute 12 Jahre alt.

Aufgabe 34

x: Alter Tim heute
Vater: 54 − x
Tim vor 12 Jahren: x − 12
Gleichung: $54 - x - 12 = 4 \cdot (x - 12)$
Lösung:

$$\begin{aligned} 54 - x - 12 &= 4 \cdot (x - 12) && \mid \text{ausmultiplizieren} \\ 54 - x - 12 &= 4x - 48 && \mid \text{zusammenfassen} \\ 42 - x &= 4x - 48 && \mid +x \\ 42 &= 5x - 48 && \mid +48 \\ 90 &= 5x && \mid :5 \\ 18 &= x \end{aligned}$$

Tim ist 18 Jahre, sein Vater 36 Jahre alt.

Aufgabe 35

x: Alter Ariane
x − 3: Chris
x + 3: Hanna
Gleichung: $x + x - 3 + x + 3 = 42$
Lösung:

$$\begin{aligned} x + x - 3 + x + 3 &= 42 && \mid \text{zusammenfassen} \\ 3x &= 42 && \mid :3 \\ x &= 14 \end{aligned}$$

Chris ist 11 Jahre, Ariane 14 Jahre und Hanna 17 Jahre alt.

Aufgabe 36

x: Jahre bis Mutter doppelt so alt ist
Gleichung: $40 + x = 2(17 + x)$
Lösung:

$$\begin{aligned} 40 + x &= 2(17 + x) && \mid \text{ausmultiplizieren} \\ 40 + x &= 34 + 2x && \mid -x \\ 40 &= 34 + x && \mid -34 \\ 6 &= x \end{aligned}$$

In 6 Jahren ist Abduls Mutter doppelt so alt wie Abdul.
Dann ist Abdul $17 + 6 = 23$ Jahre alt und seine Mutter $40 + 6 = 46$ Jahre alt.

Lösungen zum Abschlusskompetenzcheck

	Lösung
1	4. 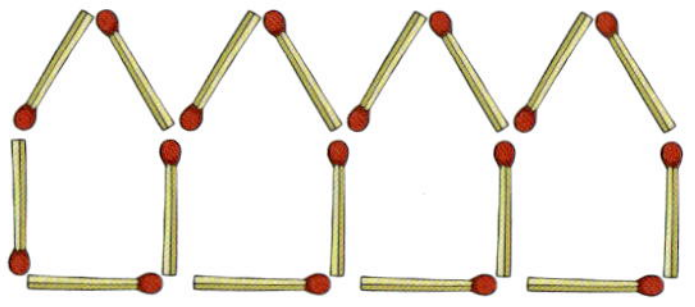 5. 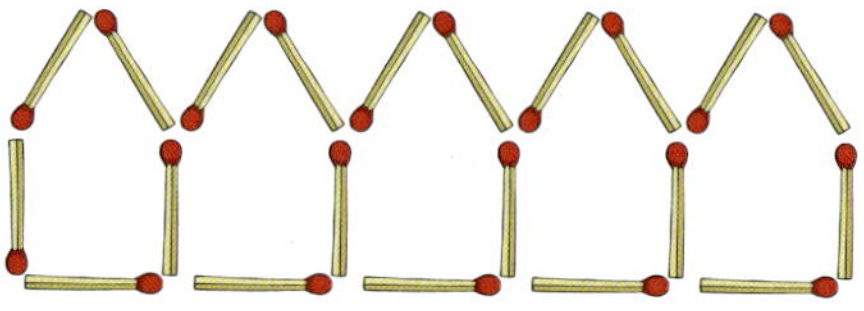 b) Term: $1 + 4x$ c) Für den 9. Schritt braucht man 37 Streichhölzchen. d) Der 16. Schritt besteht aus 65 Streichhölzern.
2	x: Sieg $33 - x$: unentschieden Gleichung: $89 = 3x + 33 - x$; $x = 28$ Der FC Bayern hat 28 Spiele gewonnen und fünfmal unentschieden gespielt.
3	a) ③ b) ① c) ④ d) ②
4	a) $\alpha = 35°$, $\beta = 40°$, $\gamma = 105°$ b) Gleichung: $(x - 2) \cdot 5 = 6$; $x = 3{,}2$ Das Rechteck ist 1,2 cm lang.
5	Mutter: 27 Jahre Vater: 32 Jahre Sohn: 5 Jahre